中等职业学校教学用书（计算机技术专业）

数据库应用技术——Access 2003

魏茂林　主编

电子工业出版社

Publishing House of Electronics Industry

北京·BEIJING

内 容 提 要

本书是中等职业教育国家规划教材的配套教学用书，主要学习 Microsoft Access 2003 数据库的基本知识、操作和应用，从而提高中等职业学校学生对 Access 数据库的操作和应用能力，以适应就业岗位的需求。

全书共分 10 章，主要内容包括 Access 数据库基础知识、数据库和表的基本操作、数据查询、窗体设计、报表设计、数据访问页、宏的使用、数据的导入和导出、数据的优化和安全设置，以及数据库应用开发实例等。第 10 章将前面章节的内容进行了概括，形成一个完整的数据库应用管理系统。每个章节都给出了课堂练习，章后给出了大量的习题和上机操作题。

本书为中等职业学校计算机及应用等专业的教材，也可作为计算机应用培训班的培训教材或自学者的学习用书。

本书还配有电子教学参考资料包（包括教学指南、电子教案和习题答案），详见前言。

图书在版编目（CIP）数据

数据库应用技术：Access 2003/魏茂林主编. —北京：电子工业出版社，2009.4

中等职业学校教学用书. 计算机技术专业

ISBN 978-7-121-08406-5

Ⅰ. 数…　Ⅱ. 魏…　Ⅲ. 关系数据库－数据库管理系统，Access 2003－专业学校－教材　Ⅳ. TP311.138

中国版本图书馆 CIP 数据核字（2009）第 030102 号

策划编辑：关雅莉
责任编辑：徐　磊
印　　刷：北京虎彩文化传播有限公司
装　　订：北京虎彩文化传播有限公司
出版发行：电子工业出版社
　　　　　北京市海淀区万寿路 173 信箱　邮编　100036
开　　本：787×1 092　1/16　印张：16　字数：409.6 千字
版　　次：2009 年 4 月第 1 版
印　　次：2020 年 1 月第 15 次印刷
定　　价：32.00 元

凡所购买电子工业出版社图书有缺损问题，请向购买书店调换。若书店售缺，请与本社发行部联系，联系及邮购电话：（010）88254888，88258888。

质量投诉请发邮件至 zlts@phei.com.cn，盗版侵权举报请发邮件至 dbqq@phei.com.cn。

本书咨询联系方式：（010）88254617，luomn@phei.com.cn。

前　言

　　本书是中等职业教育国家规划教材的配套教学用书，主要学习 Microsoft Access 2003 数据库的基本知识、操作和应用，从而提高中等职业学校学生对 Access 数据库的操作和应用能力，以适应就业岗位的需求。

　　Microsoft Access 2003 是微软公司在办公自动化领域发布的 Office 2003 组件之一，是一个基于关系型的数据库管理系统，适合作为中、小规模数据量应用软件的底层数据库。它具有功能强大、可靠、高效的管理方式，能很好地支持面向对象技术，具有简单易学，便于开发等特点，已经得到了比较广泛的应用。

　　全书共分 10 章，主要内容包括 Access 数据库基础知识、数据库和表的基本操作、数据查询、窗体设计、报表设计、数据访问页、宏的使用、数据的导入和导出、数据的优化和安全设置，以及数据库应用开发实例等。本书章节内容安排循序渐进，始终围绕着学生成绩管理这个典型的事例进行详细的讲解，实例要求明确，分析简明扼要，操作步骤具体翔实。第 10 章将前面章节的内容进行了概括，形成一个完整的数据库应用管理系统。本书在编写过程中考虑到学生的实际水平，在学习本课程时大部分学生没有 VB 编程语言基础，因此，对于 Access 模块内容本书没有介绍，从而降低了学习的难度，但并不会影响对 Access 数据库的学习。

　　在编写的过程中，本书始终围绕着学生成绩管理这个典型的事例进行讲解，每章开始增加了"学习目标"，使读者能够明确学习本章需要掌握的基本知识和基本技能。各章节以任务的方式列举操作实例，并对实例进行简要分析，抓住重点，给出具体的操作步骤。在列举实例时，尽可能列举易于理解、可操作性强的实例，各实例的难易循序渐进。对于完成同一操作中的多种方法、操作技巧或注意事项等，给出了必要的"提示"。与本节内容相关的知识，给出了"相关知识"，读者可以自学或在教师引领下学习，以拓展知识，培养兴趣。每节后给出了与本节内容相关的"课堂练习"，可进一步巩固本节所学的内容。每章后给出了大量的习题和上机操作题，便于读者巩固所学的知识，其中上机操作始终围绕图书订阅管理数据库进行操作，操作要求明确，操作内容具体，并尽可能多地为读者提供数据库的操作训练，避免教材实例的简单重复，有利于初学者比较系统地学习 Access 2003 数据库知识，提高数据库的应用能力。

　　本书由魏茂林主编，其中第 7、8 章由青岛莱西职业教育中心王彬编写，第 9、10 章由青岛旅游学校周美娟编写，参加编写的还有朱凯、周庆华、刘彤等人，全书由青岛海洋大学高丙云主审。由于编者水平有限，错误之处在所难免，望广大师生提出宝贵意见。

为了方便教师教学，本书还配有教学指南、电子教案和习题答案（电子版）。请有此需要的教师登录华信教育资源网（www.huaxin.edu.cn 或 www.hxedu.com.cn）免费注册后再进行下载，有问题时请在网站留言板留言或与电子工业出版社联系（E-mail: hxedu@phei.com.cn）。

编　者
2009 年 2 月

目 录

第1章 Access 数据库基础

学习目标

◇ 了解数据库的基本概念
◇ 了解数据库系统的特点
◇ 理解基本的关系操作
◇ 了解 Access 2003 数据库的组件
◇ 能根据需求设计并创建数据库
◇ 能设计并创建数据表
◇ 能在表中输入记录
◇ 能对记录进行编辑修改

1.1 数据库基础知识

数据库技术是信息社会的重要基础技术之一，是计算机科学领域中发展最为迅速的分支。随着计算技术和计算机网络的发展，计算机应用领域迅速扩展，数据库应用领域也在不断地扩大。尤其从 20 世纪 80 年代开始，数据库技术在商业领域的巨大成功刺激了其他领域对数据库技术需求的迅速增长。一方面，新的数据库应用领域，如计算机辅助设计与制造、过程控制、办公自动化系统、地理信息系统和计算机集成制造系统等，越来越多地采用数据库存储并处理它们的信息资源，为数据库的应用开辟了新的天地；另一方面，在应用中管理方面的新需求也直接推动了数据库技术的研究与发展。对于一个国家来说，数据库的建设规模、数据库信息量的大小和使用频度，已成为衡量这个国家信息化程度的重要标志。

1.1.1 数据库的基本概念

1. 数据

数据（Data）是数据库中存储的基本对象。数据在人们头脑中的第一个反应就是数字。其实数字只是最简单的一种数据，是数据的一种传统和狭义的理解。广义的理解，数据的种类很多，文字、图形、图像、声音、学生成绩和商品营销情况等，这些都是数据。

数据就是描述事物的符号记录。描述事物的符号可以是数字，也可以是文字、图形、图像、声音和语言等，数据有多种表现形式，都可以经过数字化后存入计算机。

为了了解世界、交流信息，人们需要描述这些事物。在日常生活中，可直接用自然语言（如汉语）描述。在计算机中，为了存储和处理这些事物，就要抽出对这些事物感兴趣的特征组成一个记录来描述。例如，在学生成绩管理中，人们最感兴趣的是学生的学号、姓名、课程和成绩等，因此可以描述（20080101、陈晓蓝、网络技术、90）。

数据处理是指对各种类型的数据进行收集、存储、分类、计算、加工、检索和传输的过程。数据处理的目的就是根据人们的需要，从大量的数据中抽取出对于特定的人们来说是有意义、有价值的数据，借以作为决策和行动的依据。数据处理通常也称为信息处理。

2．数据库

数据库（DataBase，简称 DB）是指长期储存在计算机内的、有组织的、可共享的数据集合。数据库中的数据按一定的数据模型组织、描述和储存，具有较小的冗余度、较高的数据独立性和易扩展性，并可以为各种用户共享。

数据库是依照某种数据模型组织起来并存放在二级存储器中的数据集合。这种数据集合具有如下特点：尽可能不重复，以最优方式为某个特定组织的多种应用服务，其数据结构独立于使用它的应用程序，对数据的增加、删除、修改和检索由统一的软件进行管理和控制。从发展的历史看，数据库是数据管理的高级阶段，它是由文件管理系统发展起来的。

3．数据库管理系统

数据库管理系统（DataBase Management System，简称 DBMS）是一种操纵和管理数据库的软件系统，用于建立、使用和维护数据库。它对数据库进行统一的管理和控制，以保证数据库的安全性和完整性。用户通过 DBMS 访问数据库中的数据，数据库管理员也通过 DBMS 进行数据库的维护工作。它提供多种功能，可使多个应用程序和用户用不同的方法在同一时刻或不同时刻去建立、修改和访问数据库。它主要包括以下几方面的功能。

● 数据定义功能。

DBMS 提供数据定义语言（Data Definition Language，简称 DDL），通过它可以方便地对数据库中的数据对象进行定义。

● 数据操纵功能。

DBMS 还提供数据操纵语言（Data Manipulation Language，简称 DML），可以使用 DML 操纵数据实现对数据库的基本操作，如查询、插入、删除和修改等。

● 数据库运行管理功能。

数据库在建立、运用和维护时由数据库管理系统统一管理、控制，以保证数据的安全性、完整性、多用户对数据的并发使用及发生故障后的系统恢复。

● 数据库的建立和维护功能。

它包括数据库初始数据的输入、转换功能，数据库的转储、恢复功能，数据库的管理重组织功能和性能监视、分析功能等。这些功能通常是由一些实用程序完成的。

数据库管理系统是对数据进行管理的系统软件，用户在数据库系统中做的一切操作，包括数据定义、查询、更新及各种控制，都是通过 DBMS 进行的，常见的 DB2、Oracle、Sybase、MS SQL Server、MySQL、FoxPro 和 Access 等软件都属于 DBMS 的范畴。

4．数据库系统

数据库系统（DataBase System，简称 DBS）是指引进数据库技术后的计算机系统。一般由数据库、支持数据库系统的操作系统环境、数据库管理系统及其开发工具、数据库应用软件、数据管理员和用户组成，它们之间的关系如图 1-1 所示。应当指出的是，数据库的建立、使用和维护等工作只靠一个 DBMS 远远不够，还要有专门的人员来完成，这些人被称为数据库管理员（DataBase Administrator，简称 DBA）。

近年来在数据库技术方面形成了以下 4 个主攻方向：分布式数据库系统、面向对象的数据库管理系统、多媒体数据库和专用数据库系统。正是计算机科学、数据库技术、网络、人工智能和多媒体技术等的发展和彼此渗透结合，才不断扩展了数据库新的研究和应用领域。上述的 4 个主攻方向不是孤立的，它们彼此促进，互相渗透。人们期待着 21 世纪在信息处理技术上新的重大突破，数据管理技术的第三次飞跃即将到来。

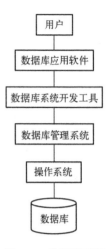

图 1-1　数据库系统

1.1.2　数据库系统的特点

数据库技术的发展先后经历了人工管理、文件管理和数据库系统等阶段。目前，世界上已有许多大型数据库系统在运行，其应用已深入到人类社会生活的各个领域，并在计算机网络的基础上建立了许多国际性的联机检索系统。由于传统的数据库系统已无法满足各种应用的需求，因此，从 20 世纪 80 年代开始数据库研究出现了许多新的领域，相继研究出了分布式数据库系统、对象数据库系统和网络数据库系统。数据库系统与人工管理和文件系统相比，主要有以下特点。

1．数据结构化

数据结构化是数据库与文件系统的根本区别。在数据库系统中的数据彼此不是孤立的，数据与数据之间相互关联，在数据库中不仅要能够表示数据本身，还要能够表示数据与数据之间的联系，这就要求按照某种数据模型，将各种数据组织到一个结构化的数据库中。

2．实现数据共享，减少数据冗余

数据共享是数据库的一个重要特性。一个数据库不仅可以被一个用户使用，同时也可以被多个用户使用，多个用户也可以使用多个数据库，从而实现数据的共享。数据共享可以大大减少数据冗余，节约存储空间。由于在数据库系统中实现了数据共享，所以可以避免数据库中数据的重复出现，使数据冗余性大大降低。

3．数据独立性

数据独立性包括数据的物理独立性和逻辑独立性。

物理独立性是指用户的应用程序与存储在磁盘上的数据库中的数据是相互独立的。也就是说，数据在磁盘上的数据库中怎样存储是由 DBMS 管理的，用户程序不需要了解，应用程序要处理的只是数据的逻辑结构，这样当数据的物理存储改变了，应用程序不用改变。

逻辑独立性是指用户的应用程序与数据库的逻辑结构是相互独立的，也就是说，数据的逻辑结构改变了，用户程序也可以不变。

数据独立性是由 DBMS 的二级映像功能来保证的。数据与程序的独立，把数据的定义从程序中分离出去，加上数据的存取只由 DBMS 完成，从而简化了应用程序的编制，大大减少了应用程序的维护和修改。

4．数据由 DBMS 集中管理

数据库被多个用户和应用程序所共享，对数据的存取往往是并发的，即多个用户可以同时存取数据库中的数据，甚至可以同时存取数据库中的同一个数据，为确保数据库数据的正确有效和数据库系统的有效运行，数据库管理系统提供以下几方面的数据控制功能。

● 数据的安全性保护。

数据的安全性是指保护数据以防止因不合法的使用造成数据的泄密和破坏。这使每个用户只能按规定，对某些数据以某些方式进行使用和处理。

● 数据的完整性检查。

数据的完整性指数据的正确性、有效性和相容性。完整性检查将数据控制在有效的范围内，并保证数据之间满足一定的关系。

● 并发控制。

当多个用户的并发进程同时存取、修改数据库时，可能会发生相互干扰而得到错误的结果或使得数据库的完整性遭到破坏，因此必须对多用户的并发操作加以控制和协调。

● 数据库恢复。

计算机系统的硬件故障、软件故障、操作员的失误，以及故意的破坏也会影响数据库中数据的正确性，甚至造成数据库部分或全部数据的丢失。DBMS 必须具有将数据库从错误状态恢复到某一已知的正确状态（亦称为完整状态或一致状态）的功能，这就是数据库的恢复功能。

数据库是长期存储在计算机内有组织的大量共享的数据集合。它可以供各种用户共享，具有最小冗余度和较高的数据独立性。DBMS 在数据库建立、运用和维护时对数据库进行统一控制，以保证数据的完整性、安全性，并在多用户同时使用数据库时进行并发控制，在发生故障后对系统进行恢复。

1.1.3　关系数据库

基于关系数据模型的数据库系统称关系型数据库系统，所有的数据分散保存在若干个独立存储的表中，表与表之间通过公共属性实现"松散"的联系，当部分表的存储位置、数据内容发生变化时，表间的关系并不改变。这种联系方式可以将数据冗余（即数据的重复）降到最低。目前流行的关系数据库 DBMS 产品包括 Access、SQL Server、FoxPro 和 Oracle 等。

1．表的特点

在关系型数据库中，数据以二维表的形式保存，如图 1-2 所示。

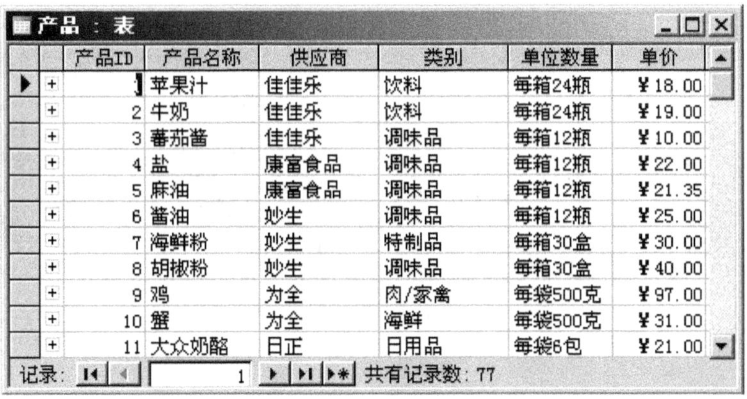

产品：表

产品ID	产品名称	供应商	类别	单位数量	单价
1	苹果汁	佳佳乐	饮料	每箱24瓶	￥18.00
2	牛奶	佳佳乐	饮料	每箱24瓶	￥19.00
3	蕃茄酱	佳佳乐	调味品	每箱12瓶	￥10.00
4	盐	康富食品	调味品	每箱12瓶	￥22.00
5	麻油	康富食品	调味品	每箱12瓶	￥21.35
6	酱油	妙生	调味品	每箱12瓶	￥25.00
7	海鲜粉	妙生	特制品	每箱30盒	￥30.00
8	胡椒粉	妙生	调味品	每箱30盒	￥40.00
9	鸡	为全	肉/家禽	每袋500克	￥97.00
10	蟹	为全	海鲜	每袋500克	￥31.00
11	大众奶酪	日正	日用品	每袋6包	￥21.00

记录：1　共有记录数：77

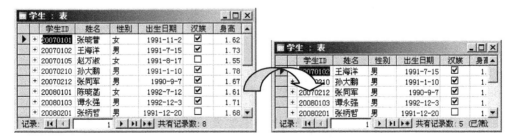

图 1-2　二维数据表

二维表有以下的特点。

（1）表由行、列组成，表中的一行数据称为记录，一列数据称为字段。

（2）每一列都有一个字段名。

（3）每个字段只能取一个值，不得存放两个或两个以上的数据。例如，学生表的“姓名”字段只能放入一个人名，不能同时放入曾用名，在确实需要使用曾用名的场合，可以添置一个“曾用名”字段。

（4）表中行的上下顺序、列的左右顺序是任意的。

（5）表中任意两行记录的内容不应相同。

（6）表中字段的取值范围称为域。同一字段的域是相同的，不同字段的域也有可能相同，如成绩表中的“成绩”字段的取值范围都可以是 1 000 以内的实数。

2．关系操作

关系型数据库管理系统不但提供了数据库管理系统的一般功能，还提供了筛选、投影和连接 3 种基本的关系操作。

1）筛选

筛选是指从数据库文件中找出满足条件的若干记录。例如，从“学生”表中查找所有男生的记录，需要通过筛选操作来完成，如图 1-3 所示。

学生：表

学生ID	姓名	性别	出生日期	汉族	身高
20070101	张晓蕾	女	1991-11-2	☑	1.62
20070102	王海洋	男	1991-7-15	☑	1.73
20070105	赵万淑	女	1991-8-17	☐	1.55
20070210	孙大鹏	男	1991-1-10	☑	1.78
20070212	张同军	男	1990-9-7	☑	1.67
20080101	陈晓菡	女	1992-7-12	☑	1.61
20080103	谭永强	男	1992-12-3	☑	1.71
20080201	张柄哲	男	1991-12-20	☐	1.68

记录：1　共有记录数：8

学生：表

学生ID	姓名	性别	出生日期	汉族	身高
20070102	王海洋	男	1991-7-15	☑	1.
20070210	孙大鹏	男	1991-1-10	☑	1.
20070212	张同军	男	1990-9-7	☑	1.
20080103	谭永强	男	1992-12-3	☑	1.
20080201	张柄哲	男	1991-12-20	☐	1.

记录：1　共有记录数：5（已筛

图 1-3　筛选操作

2）投影

投影是指从数据库文件中找出满足条件的记录的多个字段。例如，从"学生"表中查找所有学生的"姓名"、"性别"和"出生日期"字段内容，需要通过投影操作来完成，如图1-4所示。

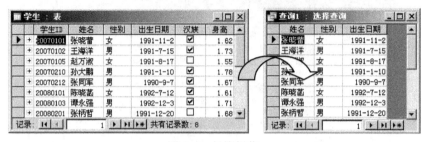

图1-4　投影操作

3）连接

连接是将两个数据库文件按某个条件筛选部分（或全部）记录及部分（或全部）字段组合成一个新的数据库文件。例如，从"课程"表和"成绩"表中，根据学号字段相同这一条件，连接生成一个新的表，新生成的表包括两个表中记录的部分（或全部）字段（同名字段只出现一次），如图1-5所示。

图1-5　连接操作

 **相关知识**

数 据 模 型

在数据库中，用数据模型这个工具来对现实世界进行抽象，数据模型是数据库系统中用于提供信息表示和操作手段的形式构架。数据模型应满足三方面要求：一是能比较真实地模拟现实世界；二是容易被人所理解；三是便于在计算机上实现。

在数据库系统中针对不同的使用对象和应用目的，采用不同的数据模型。不同的数据模型是提供给我们模型化数据和信息的不同工具。直接面向计算机的数据模型，是按计算机系统的观点对数据进行建模，主要用于 DBMS 的实现，常称为基本数据模型或数据模型，数据库中常用的基本数据模型有层次模型、网状模型和关系模型。

1．层次模型

层次模型用树形结构来表示各类实体及实体间的联系。现实世界中许多实体之间的联系本来就呈现出一种很自然的层次关系，如行政机构、家族关系等。

层次数据模型本身比较简单。对于实体间联系是固定的，且预先定义好的应用系统，采用层次模型来实现，其性能优于关系模型，不低于网状模型。

现实世界中很多联系是非层次性的，如多对多联系、一个结点具有多个双亲等，层次模型表示这类联系的方法很笨拙，只能通过引入冗余数据（易产生不一致性）或创建非自然的数据组织（引入虚拟结点）来解决。

2．网状模型

与层次模型一样，网状模型中每个结点表示一个记录类型（实体），每个记录类型可包含若干个字段（实体的属性），结点间的连线表示记录类型（实体）之间一对多的父子联系。

网状数据模型能够更为直接地描述现实世界，如一个结点可以有多个双亲。它具有良好的性能，存取效率较高。而层次模型实际上是网状模型的一个特例。

网状数据模型的缺点主要是结构比较复杂，而且随着应用环境的扩大，数据库的结构就变得越来越复杂，不利于最终用户掌握。其数据定义语言（DDL）和数据操纵语言（DML）复杂，用户不容易使用。

由于记录之间联系是通过存取路径实现的，应用程序在访问数据时必须选择适当的存取路径，因此，用户必须了解系统结构的细节，这就加重了编写应用程序的负担。

3．关系模型

关系数据库系统是支持关系数据模型的数据库系统，现在普遍使用的数据库管理系统都是关系数据库管理系统。

关系模型是当前最重要的一种数据模型。从用户的角度看，关系模型的数据结构是一个二维表，它使用表格描述实体间的关系，由行和列组成。一个关系就是通常所说的一张二维表，如图 1-6 所示为“产品”表。

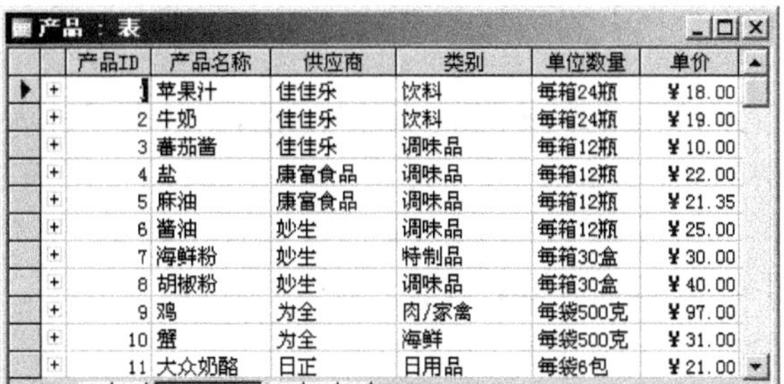

产品：表

产品ID	产品名称	供应商	类别	单位数量	单价
1	苹果汁	佳佳乐	饮料	每箱24瓶	¥18.00
2	牛奶	佳佳乐	饮料	每箱24瓶	¥19.00
3	蕃茄酱	佳佳乐	调味品	每箱12瓶	¥10.00
4	盐	康富食品	调味品	每箱12瓶	¥22.00
5	麻油	康富食品	调味品	每箱12瓶	¥21.35
6	酱油	妙生	调味品	每箱12瓶	¥25.00
7	海鲜粉	妙生	特制品	每箱30盒	¥30.00
8	胡椒粉	妙生	调味品	每箱30盒	¥40.00
9	鸡	为全	肉/家禽	每袋500克	¥97.00
10	蟹	为全	海鲜	每袋500克	¥31.00
11	大众奶酪	日正	日用品	每袋6包	¥21.00

记录：1 共有记录数：77

图 1-6 “产品”表

表中的一行就是一条记录，又称为一个元组。表中的一列即为一个属性（字段），每个属性有一个名称即属性名（字段名）。例如，在图 1-4 所示的"产品"表中有 6 列，对应 6 个属性，即产品 ID、产品名称、供应商、类别、单位数量和单价。

关系数据模型具有下列优点。

- 关系模型与非关系模型不同，它是建立在严格的数学概念的基础上的。
- 关系模型的概念单一，无论实体还是实体之间的联系都用关系表示，对数据的检索结果也是关系（即表）。所以其数据结构简单、清晰，用户易懂易用。
- 关系模型的存取路径对用户透明（用户无须关心数据存放路径），从而具有更高的数据独立性、更好的安全保密性，也简化了程序员的工作和数据库开发建立的工作。

所以，关系数据模型诞生以后发展迅速，深受用户的喜爱。

随着数据库技术的应用和发展，面向对象数据模型和多媒体数据模型得到了广泛的重视，因此，它已成为目前数据库技术中最有前途和生命力的发展方向。

1.2 认识 Access 2003 数据库

Access 2003 是 Microsoft Office 2003 办公软件的组件之一，是目前最新、最流行的桌面数据库管理系统之一，Access 2003 以功能强大和易学易用而著称。使用它仅仅通过直观的可视化操作即可完成大部分数据库管理工作，它是开发中小型数据库管理系统的首选。

1.2.1 了解 Access 2003 用户界面

在使用 Access 2003 设计数据库之前，首先要了解 Access 2003 的用户界面。

1. 启动 Access 2003

当计算机安装 Microsoft Office 2003 的 Access 2003 组件后，启动 Access 2003 的方法很多，常用的方法是单击"开始"→"所有程序"→"Microsoft Office"→"Microsoft Office Access 2003"选项。

2. Access 2003 环境窗口

启动 Access 2003 后，出现 Access 2003 应用程序窗口，如图 1-7 所示。该窗口同其他 Windows 应用程序一样，包括标题栏、菜单栏和工具栏等，右侧是任务窗格，左侧是工作窗格。

为便于用户学习，Access 2003 系统提供地址簿示例数据库、联系人示例数据库、家庭财产示例数据库和罗斯文（Northwind）示例数据库。用户可以通过系统"帮助"菜单的"示例数据库"来选择，并打开一个数据库文件（如果已经安装的话）。例如，选择罗斯文示例数据库，打开如图 1-8 所示的数据库窗口。

在 Northwind 示例数据库窗口中，左窗格是 Access 2003 数据库组件，包括表、查询、窗体、报表、页、宏和模块 7 个对象。当选择一个对象后，在右侧窗格中就会显示创建该数据库对象所提供的工具和已创建的对象。一个数据库文件中可以包含多个已创建的对象。在"组"选项中包括"收藏夹"选项，选择"收藏夹"选项后，就会看到用户存放在其中的对象。

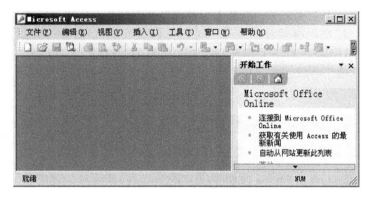

图 1-7　Access 2003 环境窗口

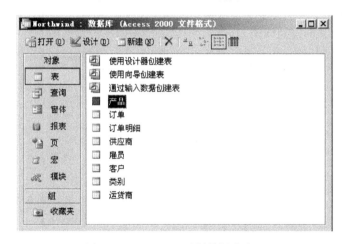

图 1-8　Northwind 示例数据库窗口

3．退出 Access 2003

在退出 Access 2003 之前，先要保存输入和修改的内容，然后单击"文件"→"退出"菜单命令，或 Access 2003 界面右上角的 ⊠ 按钮即可。

1.2.2　认识 Access 2003 数据库组件

一个数据库是由各种对象组成的，在 Access 2003 中，这些对象包括表、查询、窗体、报表、页、宏和模块。这些对象的有机结合就构成了一个完整的数据库应用程序。

1．表

表是 Access 数据库最基本的对象，它用来存储数据。通常 Access 2003 数据库包含有多个表，每个表存储了特定实体的信息。以 Northwind 数据库为例，在"对象"列表中，单击 ⊞ 表对象，就可以在数据库的列表窗口中列出所有的表，如"产品"、"订单"和"订单明细"等，如图 1-8 所示。

在该列表中，还可以看到 Access 2003 提供了"使用设计器创建表"、"使用向导创建表"和"通过输入数据创建表"3 种向导，它们可以帮助用户很容易地新建一个表。

要查看表中的记录，需要打开该表。可以直接双击该表对象，如"产品"表，或选中该表，然后单击"打开"按钮，这时在 Access 窗口中会打开"产品"表。该表中包含多条记录，一条记录由多个字段组成，其中"产品 ID"、"产品名称"、"供应商"和"类别"等都是字段名，如图 1-9 所示。

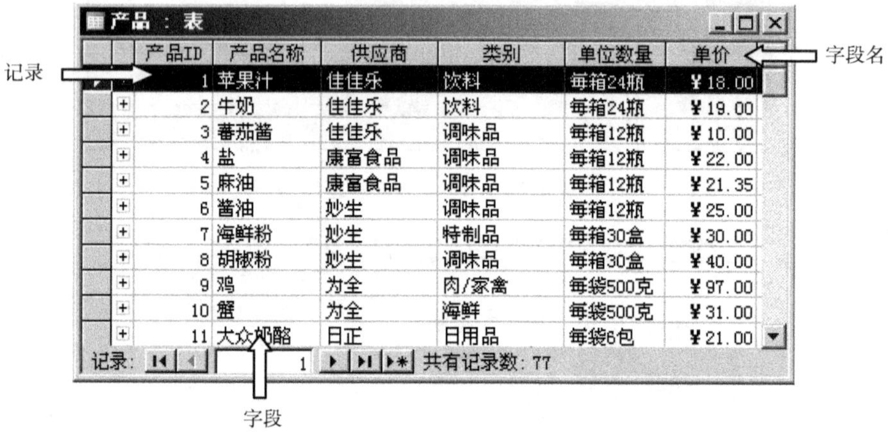

图 1-9 "产品"表中的字段和记录

2. 查询

查询是数据库的重要功能之一。Access 2003 提供了非常强大的查询功能，利用查询可以用不同的方法来查看、更改及分析数据，也可以将查询作为窗体和报表的记录源。

在数据库"对象"列表中，选择 🔲 查询 对象，在右侧窗口中会列出数据库中所有的查询对象。双击某查询对象，如"十种最贵的产品"，或选中该查询，然后单击"打开"按钮，即可打开"十种最昂贵的产品"查询，如图 1-10 所示。

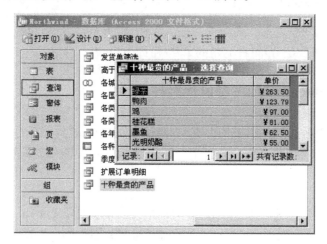

图 1-10 "十种最昂贵的产品"查询结果

3. 窗体

Access 2003 的窗体是基于表或查询创建的,用于输入和输出数据,其本身并不存储大量的数据。良好的输入/输出界面可以引导用户进行正确有效的操作。

在数据库"对象"列表中,选择 🔲 **窗体** 对象,在右侧窗口中会列出数据库中所有的窗体对象。双击某窗体对象,如"订单"窗体,或选中该窗体,然后单击"打开"按钮,即可打开"订单"窗体,如图 1-11 所示。

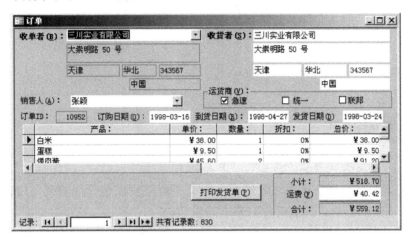

图 1-11 "订单"数据表窗体

用户使用、管理 Access 数据库应用系统都通过窗体进行,而不是直接操作数据库中的各种对象。

4. 报表

报表用于把数据库中的记录内容打印出来。它既可以用简单的表格、图表打印或预览数据,也可以进行特殊用途的设计,如发票格式、信函格式等。

在数据库"对象"列表中,选择 🔲 **报表** 对象,在右侧窗口中会列出数据库中所有的报表对象。双击某报表对象,如"按季度汇总销售额"报表,或选中该报表,然后单击"预览"按钮,预览该报表,如图 1-12 所示。

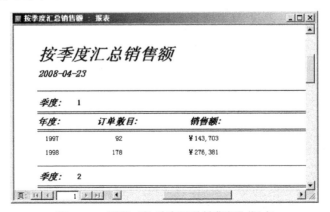

图 1-12 预览"按季度汇总销售额"报表

打印预览报表专门用于测试报表对象的打印效果和数据格式化的效果。报表对象的预览视图所显示的内容与实际打印结果是一致的。单击工具栏中的"打印"按钮，即可在打印机上打印报表。

Access 2003 数据库的其他对象，会在后续的章节中详细介绍。

📖 **课堂练习**

1. 启动 Access 2003，熟悉窗口界面。
2. 打开 Access 2003 提供的示例数据库，如 Northwind 数据库，查看其中的表、查询和窗体等对象。
3. 关闭 Access 2003 系统。

1.3 创建数据库

由于计算机及网络技术的广泛应用，目前学校学生的考试成绩都借助于计算机来进行管理。通过计算机来实现学生成绩管理，一般要了解学生成绩管理的整个过程，即需求分析，再对数据库进行分析，然后进行数据库的设计。

首先了解学校考试成绩的管理过程，为便于管理，可以将学生的基本信息存放在"学生"表中，将每门课程的信息存放在"课程"表中，将每位学生的考试成绩存放在"成绩"表中，学生成绩也可以以级部、专业或课程名称来建表存放，根据需要还可以建立其他表，存放有关信息，这些表存放在一个数据库中。学校期中或期末考试结束后，将每位学生的成绩录入到"成绩"表中，然后根据成绩表中的数据进行各种统计，如统计每位学生各门课程的成绩、各门课程的平均分、及格率、优秀率、不及格人数、补考学生名单等。

Access 2003 提供两种创建数据库的方法，一种是使用"数据库向导"创建数据库，这种方法可以很方便地为数据库创建必要的表、窗体和报表。这是开始学习创建数据库的一种最简单的方法。另一种就是不使用"数据库向导"，而是先创建一个空数据库，然后向其中添加表、查询、窗体、报表及其他对象。与使用"数据库向导"相比，后一种方法更具有灵活性，但需要分别定义每一个数据库对象。

例 1 为实现学生成绩管理，创建名为"成绩管理"数据库。

分析： 要实现成绩管理，需要先创建数据库，可以使用数据库向导来创建数据库，也可以先创建一个空数据库，然后再向该数据库中添加所需要的表、查询和窗体等对象。

🐬 **步骤**

（1）启动 Access 后，从"文件"菜单中选择"新建"命令，或者单击工具栏上的"新建"按钮，打开"新建文件"任务窗格。
（2）在"新建文件"任务窗格的"新建"中，单击"空数据库"链接。
（3）打开"文件新建数据库"窗口，指定数据库的文件名和保存位置，文件名为"成绩管理"，然后单击"创建"按钮，即可创建数据库，如图 1-13 所示。

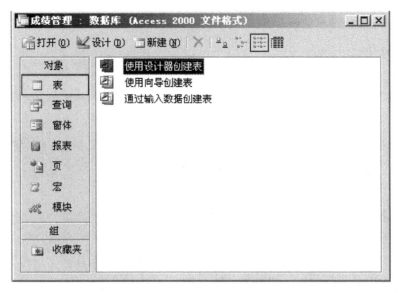

图 1-13 "成绩管理"数据库窗口

此时，在制定的文件夹中创建了"成绩管理"数据库，数据库文件的扩展名为.mdb。

 **相关知识**

设置数据库文件格式

如果创建的数据库是 Access 2000 文件格式，如图 1-13 所示，可以将该数据库转换为 Access 2002 - 2003 文件格式，操作方法如下。

（1）启动 Access 2003，打开数据库文件。

（2）单击菜单"工具"→"数据库实用工具"→"转换数据库"→"转换为 Access 2002-2003 文件格式"命令，出现"将数据库转换为"对话框，如图 1-14 所示。

图 1-14 "将数据库转换为"对话框

（3）选择保存位置和转换后的文件名，单击"确定"按钮。

📖 **课堂练习**

1. 使用"数据库向导"创建一个"支出"数据库。

💡 **注意：**

启动 Access 2003，单击菜单"文件"→"新建"命令，在右侧窗格"新建文件"中单击"本机上的模板"，打开"模板"对话框，选择"数据库"选项卡中的"支出"模板，如图 1-15 所示。然后根据向导的提示进行操作。

图 1-15　"数据库"选项卡

2. 查看"支出"数据库中的表、查询、窗体和报表等对象。

1.4　创建表

要实现对学生成绩的管理，在建立"成绩管理"数据库后，还要在该数据库中建立表，以便将数据输入到相应的表中。创建表可以通过"设计"视图、表向导来创建，也可以通过输入数据来创建。

1.4.1　使用设计视图创建表

在"设计"视图中创建表，也就是在表对象窗口中指定字段名称、数据类型和字段属性。用表设计视图创建表，比用向导创建表的字段属性更加贴近实际，特别是数据类型和字段长度，能更符合数据的需要。

例 2　使用"设计"视图在"成绩管理"数据库中创建"学生"表，如表 1-1 所示给出了"学生"表的结构。

表 1-1　"学生"表结构

字　段　名	数　据　类　型	字　段　大　小	格　　式
学生 ID	文本	8	
姓名	文本	10	
性别	文本	2	
出生日期	日期/时间		短日期
民族	是/否		是/否
身高	数字	单精度	两
专业	文本	20	
电话号码	文本	20	
电子邮箱	文本	30	
照片	OLE 对象	8	
奖惩	备注		

分析：利用"设计"视图创建表，是最常用的一种方法，这需要事先确定字段名、数据类型及有关属性。

步骤

（1）打开数据库"成绩管理"。

（2）确定"学生"表的结构。

在"设计"视图中创建表，就是先要设计表中字段的字段名，确定各字段的数据类型和字段说明信息等，如表 1-1 所示。

（3）创建"学生"表结构。

在"成绩管理"数据库窗口中选择"表"对象，再双击"使用设计器创建表"，出现表设计视图（或选择"使用设计器创建表"，单击"设计"视图按钮）。

在表设计视图中，首先确定字段名，在"字段名称"框中逐个输入表 1-1 中的字段名。在"数据类型"框中，单击它右边的箭头，在下拉列表框中选择数据类型，如图 1-16 所示。Access 2003 提供了 10 种数据类型，包括文本、备注、数字、日期/时间、货币、自动编号、是/否、OLE 对象、超链接和查阅向导。

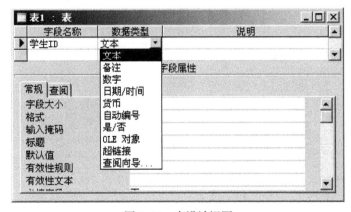

图 1-16　表设计视图

在“说明”框中可以给每个字段加上必要的说明信息。例如，“学生 ID”字段的说明信息为“唯一标识每位学生”。说明信息不是必需的，但可以增强表结构的可读性。“字段属性”的“常规”选项卡，用来确定字段的大小、显示格式等。例如，“学生 ID”字段，文本类型，宽度为 8。

（4）保存表结构。建立全部字段，如图 1-17 所示。单击工具栏的“保存”按钮，在出现的“另存为”对话框中，输入要保存表的名称为“学生”。

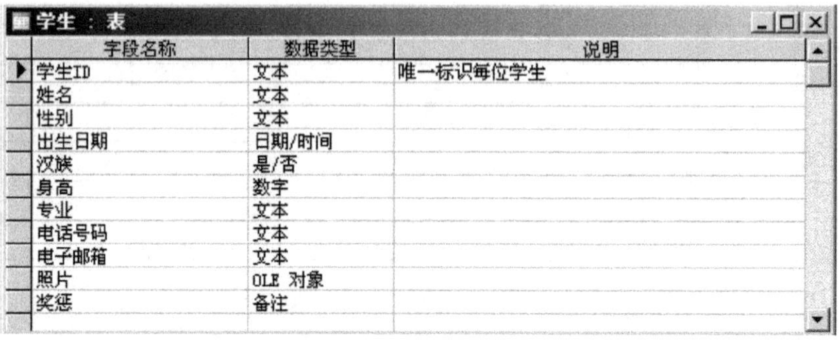
学生 : 表

字段名称	数据类型	说明
学生ID	文本	唯一标识每位学生
姓名	文本	
性别	文本	
出生日期	日期/时间	
汉族	是/否	
身高	数字	
专业	文本	
电话号码	文本	
电子邮箱	文本	
照片	OLE 对象	
奖惩	备注	

图 1-17　设置主关键字

至此，已经建立了“学生”表结构。此时，该表中还没有输入数据，是一个空表。

1.4.2　输入数据创建表

在 Access 2003 中可以通过在“数据表”视图中输入数据的方式来创建表，即将数据直接输入到空表中，在保存新的数据表时，由系统分析数据并自动为每一个字段指定适当的数据类型和格式。

例 3　有一批教师数据，通过直接输入数据的方法，创建“教师”表，“教师”表的记录如图 1-18 示。

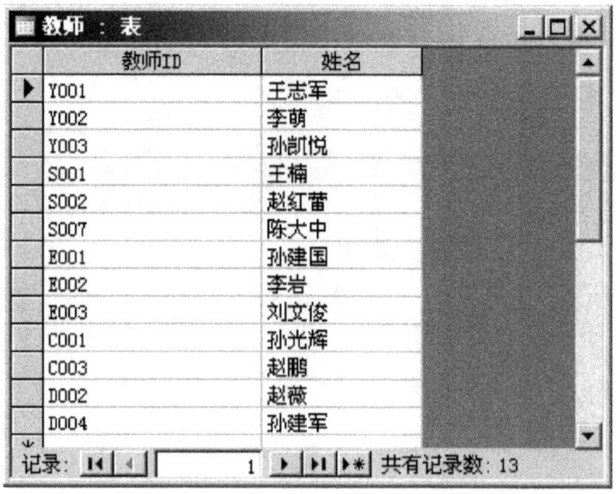
教师 : 表

教师ID	姓名
Y001	王志军
Y002	李萌
Y003	孙凯悦
S001	王楠
S002	赵红蕾
S007	陈大中
E001	孙建国
E002	李岩
E003	刘文俊
C001	孙光辉
C003	赵鹏
D002	赵薇
D004	孙建军

记录: 1　共有记录数: 13

图 1-18　“教师”表记录

分析：直接输入数据创建表是 Access 中一种创建表的方法，一般先不用确定表结构，或当表的结构不确定时直接输入数据即可。

 步骤

（1）启动 Access 2003，打开“成绩管理”数据库。

（2）选择“表”对象，双击“通过输入数据创建表”，此时将出现一个空数据表，默认的列名称分别是“字段 1”、“字段 2”等，如图 1-19 所示。数据表中的每一列对应于表中的一个字段，数据表中的每一行对应于表中的一条记录。

表1：表				_ □ ×
	字段1	字段2	字段3	字段4 ▲
✎	Y001	王志军		
				▼
记录: ⏮ ◀		1 ▶ ▶⏭ ▶＊	共有记录数: 21	

图 1-19　新建表

（3）将数据输入到相应的字段中，然后按【Tab】键或【→】键移到下一列，或者按【↓】键移到下一行，依次输入图 1-18 中的记录。

提示

若要对某个列重新命名，要双击列名，并为该列输入一个名称，然后按【Enter】键。若要在数据表中插入新列，请单击要在其左边插入新列的列，然后从“插入”菜单中选择“列”命令，并重新命名列的名称。

（4）所有要输入的数据输入完毕后，单击“文件”菜单中的“保存”命令，或者单击工具栏上的“保存”按钮，打开“另存为”对话框，在“表名称”框中输入“教师”后，单击“确定”按钮。

相关知识

Access 中的数据类型

Access 2003 提供了 10 种数据类型，分别是文本、备注、数字、日期/时间、货币、自动编号、是/否、OLE 对象、超链接和查阅向导，如表 1-2 所示。

表 1-2　Access 2003 中的数据类型

数 据 类 型	存 储 空 间	说　　　明
文本	最多 255 B	包含任意的文本
备注	最多为 64 KB	长度不固定的文本
数字	1 B、2 B、4 B 或 8 B	存储数值数据
日期/时间	8 B	保存 100～9 999 年的日期或时间值
货币	8 B	存储货币类型的数据
自动编号	4 B	每当向表中添加一条记录时，自动加 1，该字段常用来做主键值，不能更新

续表

数据类型	存储空间	说明
是/否	1 bit	存储逻辑值（Yes/No、True/False 或 On/Off 之一）
OLE 对象	最多 1 GB	表中链接或嵌入图片或其他数据
超链接	超链接地址 3 个部分中的每个部分最多包含 2 KB	用来以文本形式存储超级链接地址
查阅向导	与查阅的主键字段大小相同	使用列表框或组合框创建一个查阅字段

课堂练习

1. 使用“设计”视图在“成绩管理”数据库中创建“课程”表结构，表结构如表 1-3 所示。

表 1-3 “课程”表结构

字段名	数据类型	字段大小
课程 ID	文本	8
课程名	文本	20
授课教师 ID	文本	4

2. 使用“设计”视图在“成绩管理”数据库中创建“成绩”表结构，表结构如表 1-4 所示。

表 1-4 “成绩”表结构

字段名	数据类型	字段大小
学生 ID	文本	8
课程 ID	文本	8
成绩	文本	10

1.5 输入与编辑记录

1.5.1 输入记录

建立表后一般都需要将数据输入到表中，然后对表中的数据进行检索和统计等工作。在 Access 中，可以通过数据表视图向表中输入数据，也可以通过窗体视图向表中输入记录。

例 4 将一批数据输入到“学生”表中，记录如图 1-20 所示。

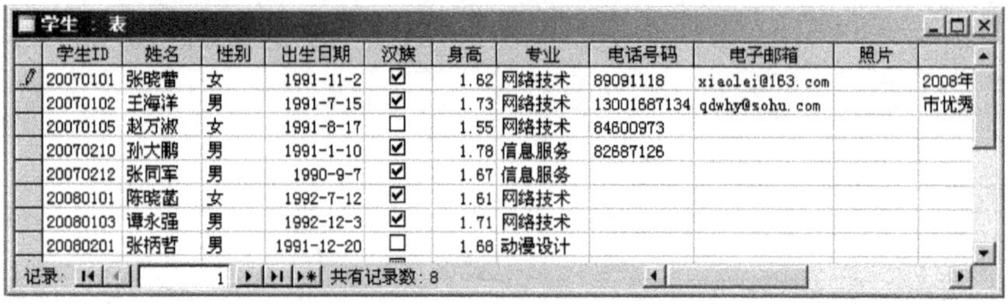
学生 : 表

学生ID	姓名	性别	出生日期	汉族	身高	专业	电话号码	电子邮箱	照片	
20070101	张晓蕾	女	1991-11-2	☑	1.62	网络技术	89091118	xiaolei@163.com		2008年
20070102	王海洋	男	1991-7-15	☑	1.73	网络技术	13001687134	qdwhy@sohu.com		市优秀
20070105	赵万淑	女	1991-8-17	☐	1.55	网络技术	84600973			
20070210	孙大鹏	男	1991-1-10	☑	1.78	信息服务	82687126			
20070212	张同军	男	1990-9-7	☑	1.67	信息服务				
20080101	陈晓菡	女	1992-7-12	☑	1.61	网络技术				
20080103	谭永强	男	1992-12-3	☑	1.71	网络技术				
20080201	张柄哲	男	1991-12-20	☐	1.68	动漫设计				

记录: 1 共有记录数: 8

图 1-20 “学生”表记录

分析：建立表结构后，将数据通过数据表视图输入到表中，这是输入记录最常用的方法。

🐬 **步骤**

（1）在数据表视图中打开"学生"表，如图 1-21 所示。由于"学生"表中没有输入记录，这是一个空表。

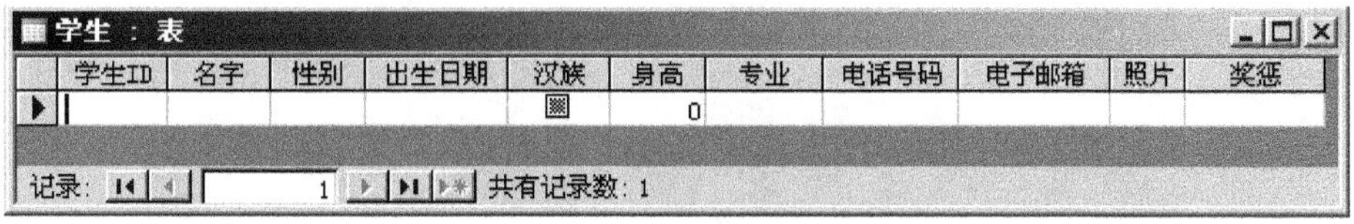

图 1-21　无记录的"学生"表

（2）从第一个字段开始输入记录（如果有"自动编号"字段，系统会自动给予一个值）。每输入一个字段的内容，按【Tab】键、【→】键或【Enter】键，光标会移到下一个字段处，输入下一个字段的内容。"汉族"字段类型为"是/否"型，单击该字段处，出现"√"表示逻辑值为真，空白为假。"照片"字段内容先不输入。例如，输入第 1 条记录，在"学生 ID"字段处输入"20070101"，"姓名"字段处输入"张晓蕾"，……，"备注"字段处输入"2008 年获市计算机竞赛一等奖"。

在输入数据的过程中，如果输入的数据有错误，可以随时修改。每输入一个字段的内容，系统会自动检查输入的数据与设置该字段的有效性规则属性是否一致。例如，输入日期/时间型字段的数据应遵循设置日期/时间的格式，如日期中的月份应在 1～12 之间等。

（3）当一条记录输入完毕后，可以继续输入下一条记录。

例 5　在"学生"表第 1 条记录的"照片"OLE 对象型字段中插入一张照片。

分析：对于 OLE 对象类型的字段，如"图书"表中的"封面"字段，不能直接输入数据。Access 为该字段提供了对象链接和嵌入技术。所谓链接就是将 OLE 对象数据的位置信息和它的应用程序名保存在 OLE 对象字段中。可通过外部程序对 OLE 对象进行编辑修改，当它在 Access 中显示时，修改后的结果随时反映出来。嵌入就是将 OLE 对象的副本保存在表的 OLE 对象字段中。一旦 OLE 对象被嵌入，则在对 OLE 对象更改时，将不会影响其原始 OLE 对象的内容。

🐬 **步骤**

（1）在如图 1-20 所示的"学生"表视图中，单击第 1 条记录的"照片"字段。

（2）单击"插入"→"对象"命令，打开如图 1-22 所示的对话框。在该对话框中选择"新建"选项，在"对象类型"框中显示出要创建 OLE 对象的应用程序；选择"由文件创建"选项，可以把已建立的文档插入到 OLE 对象字段中。

（3）选取"由文件创建"选项，并在"文件"框中输入文档所在的路径，假设第 1 条记录的图片 EMPID1.BMP 已经存在，如图 1-23 所示。

（4）单击"确定"按钮，将选取的对象插入到"图书"表的第一条记录中，并在该字段上显示所选取的文件类型，如图 1-24 所示。

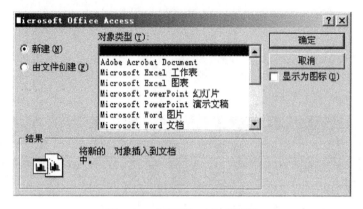

图 1-22 "新建"对象对话框

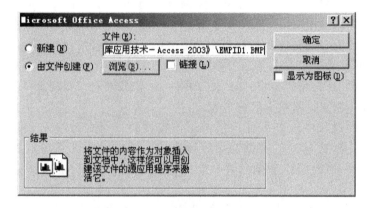

图 1-23 "由文件创建"对象对话框

学生ID	姓名	性别	出生日期	汉族	身高	专业	电话号码	电子邮箱	照片	
20070101	张晓蕾	女	1991-11-2	☑	1.62	网络技术	89091118	xiaolei@163.com	位图图像	2008年
20070102	王海洋	男	1991-7-15	☑	1.73	网络技术	13001687134	qdwhy@sohu.com		市优秀
20070105	赵万淑	女	1991-8-17	☐	1.55	网络技术	84600973			
20070210	孙大鹏	男	1991-1-10	☑	1.78	信息服务	82687126			
20070212	张同军	男	1990-9-7	☑	1.67	信息服务				
20080101	陈晓蓝	女	1992-7-12	☑	1.61	网络技术				
20080103	谭永强	男	1992-12-3	☑	1.71	网络技术				
20080201	张柄哲	男	1991-12-20	☐	1.68	动漫设计				

记录：1 共有记录数：8

图 1-24 "学生"表记录

如果要对插入的 OLE 对象进行编辑，可以双击该字段对象，打开相应的应用程序，对文档进行编辑。

对于 OLE 类型字段，如果使用链接，那么可以在 Access 之外使用它；如果使用嵌入，那么只有在数据库内才能够存取。当 OLE 对象在 Access 内进行编辑时，两种方式的外观和行为都是一样的，但嵌入对象比链接对象在数据库中占用的存储空间更多。

1.5.2 编辑记录

在"数据表"视图中对数据进行编辑的方法如下。

（1）在"数据表"视图中打开表，单击要编辑的字段，若要整个替换字段的值，可将鼠标指向字段的最左端，当鼠标变成空心加号"⇧"形状时单击。

（2）输入新的文本。

（3）在编辑记录的过程中，若要删除插入点前后的文本，可用退格键（【Backspace】键）和删除键（【Del】键）实现。

提示

如果数据库表中存储了大量的记录，要定位到指定的记录上，可以使用"数据表"窗口底部的记录导航按钮来实现，如图 1-25 所示。

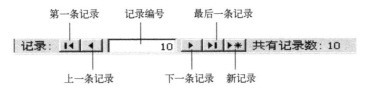

图 1-25 "数据表"窗口中的记录导航按钮

1.5.3 删除记录

在"数据表"视图中删除不再使用的记录的操作方法如下。

（1）在"数据表"视图中打开表，单击要删除的记录所在的行。

（2）单击工具栏中的"删除记录"按钮，或者按【Del】键，出现如图 1-26 所示的对话框，单击"是"按钮，删除一条记录。

图 1-26 确认删除记录

在删除记录过程中，一次可以删除相邻的多条记录。在删除操作之前，通过行选择器选择要删除的第 1 条记录，按住鼠标左键不放，将鼠标拖到要删除的最后一条记录上，这之间的记录全部被选中，再单击"删除记录"按钮，系统会将选中的全部记录一次删除。

由于删除表中的记录是无法恢复的，所以在删除记录之前，应当确认记录是否要被删除。

📖 **课堂练习**

1. 在"课程"表中输入如图 1-27 所示的记录。

课程ID	课程名	授课教师ID
J001	语文	Y001
J002	语文	Y002
J003	初等数学	S001
J004	概率论	S002
J005	文书基础	Y002
J006	英语	E001
Z001	韩语	E002
Z002	网络基础	J001
Z003	网站建设与开发	J001
Z004	数字电路	D001

记录：14 ◀ ﹝ 1 ﹞ ▶ ▶I ﹡ 共有记录数：10

图 1-27 "课程"表记录

2. 选择一首音乐插入到"学生"表中的一条记录中。

3. 在数据表视图中双击音乐字段处，欣赏插入的音乐。

4. 在输入记录过程中，如果输入错误，应及时修改记录，或者删除输入错误的记录行，然后重新输入。

习题

一、填空题

1. 数据库管理系统具有_____、_____、_____和_____等功能。

2. 数据库系统的主要特点有_____、_____及_____等。

3. 关系型数据库管理系统不但提供了数据库管理系统的一般功能，还提供了_____、_____和_____3 种基本的关系操作。

4. Access 数据库对象有_____、_____、_____、_____、_____和_____等。

5. 表是由一些行和列组成的，表中的一列称为一个_____，表中的一行称为_____。

6. Access 数据库文件的扩展名是_____。

7. Access 2003 提供的数据类型有_____、_____、_____、_____、_____、_____、_____、_____和_____。

8. Access 中，可以通过_____视图向表中输入数据，也可以利用窗体视图通过窗体向表中输入记录。

9．在输入表中记录时，＿＿＿＿＿＿类型的字段值不需要用户输入，而系统会自动给它一个值。

10．对于保存表中 OLE 对象型的数据，系统提供了＿＿＿＿＿和＿＿＿＿＿两种方法。

二、选择题

1．Access 数据库是（   ）。
  A．层次数据库　　　　　　　　　　B．网状数据库
  C．关系数据库　　　　　　　　　　D．面向对象数据库

2．如果在创建表中建立"时间"字段，其数据类型应当是（   ）。
  A．文本　　　　B．数字　　　　C．日期　　　　D．备注

3．Access 中表和数据库的关系是（   ）。
  A．一个数据库可以包含多个表
  B．一个表可以单独存在
  C．一个表可以包含多个数据库
  D．一个数据库只能包含一个表

4．在 Access 数据库系统中，数据最小的访问单位是（   ）。
  A．字节　　　　B．字段　　　　C．记录　　　　D．表

5．在 Access 表中，只能从两种结果中选择其一的字段类型是（   ）。
  A．是/否类型　　B．数字类型　　C．文本类型　　D．OLE 对象型

6．利用系统提供的数据库模板来选择数据库类型并创建所需的表、窗体及报表，这种创建数据库的方法是（   ）。
  A．数据库向导　　　　　　　　　　B．创建空数据库
  C．复制数据库　　　　　　　　　　D．复制数据表

7．Access 数据库中哪个数据库对象是其他数据库对象的基础（   ）。
  A．报表　　　　B．查询　　　　C．表　　　　D．模块

8．在 Access 中，空数据库是指（   ）。
  A．没有基本表的数据库　　　　　　B．没有窗体、报表的数据库
  C．没有任何数据库对象的数据库　　D．数据库中数据是空的

9．货币类型是什么数据类型的特殊类型（   ）。
  A．数字　　　　B．文本　　　　C．备注　　　　D．自动

10．每个表可包含自动编号字段的个数为（   ）。
  A．1 个　　　　B．2 个　　　　C．3 个　　　　D．多个

上机操作

一、操作要求

1．启动 Access 2003。

2．使用表设计视图创建表。

3．在表中输入记录。

二、操作内容

1．启动 Microsoft Access 2003 数据库。

2．打开 Northwind 示例数据库，然后打开其产品、订单、订单明细和类别等表，并浏览各表中的记录。如果没有安装 Northwind 示例数据库，先安装，再打开运行。

3．创建一个空白数据库“图书管理.mdb”。

4．使用表设计器在“图书管理”数据库中创建“图书”表结构，其表结构如表 1-5 所示。

表 1-5 “图书”表结构

字段名称	数据类型	字段大小	小数位数
图书 ID	文本	8	
书名	文本	30	
作译者	文本	8	
定价	货币		2
出版社 ID	文本	2	
出版日期	日期/时间		
版次	文本	4	
封面	OLE 对象		
简介	备注		

5．使用表设计器创建“订单”表，表结构如表 1-6 所示。

表 1-6 “订单”表结构

字段名称	数据类型	字段大小/格式
订单 ID	文本	8
单位	文本	20
图书 ID	文本	8
册数	数字	整型
订购日期	日期/时间	中日期
发货日期	日期/时间	中日期
联系人	文本	8
电话	文本	12

6．在“图书管理”数据库中通过直接输入数据，创建“出版社”表，如图 1-28 所示。

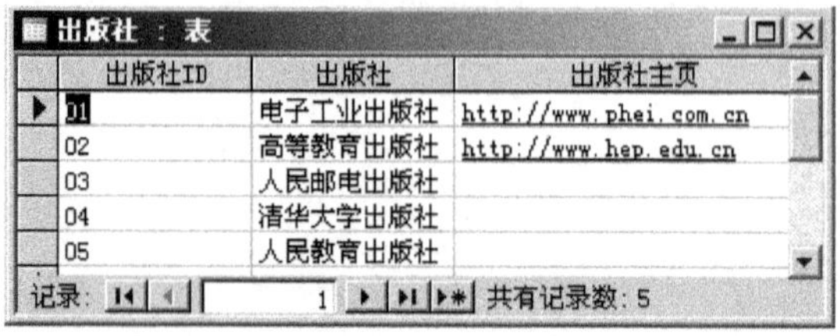

出版社ID	出版社	出版社主页
01	电子工业出版社	http://www.phei.com.cn
02	高等教育出版社	http://www.hep.edu.cn
03	人民邮电出版社	
04	清华大学出版社	
05	人民教育出版社	

图 1-28 “出版社”表

7. 在“图书”表中输入记录，如图 1-29 所示。

图书 : 表

图书ID	书名	作译者	定价	出版社	出版日期	版次	封面
05439	Java程序设计经典教程	张居敏	59.00	01	2008-1-1	1-1	位图图像
12080	Office XP办公自动化	代世刚	32.00	03	2005-1-1	1-6	
129110	计算机组装与维修	编委会	22.50	04	2007-4-1	1-2	
13202	Windows Server 2003组网技术	刘淑梅	49.00	03	2006-8-1	1-2	
19425	可视化编程应用－Visual Basic	贾长云	19.60	02	2007-5-1	2-5	
21873	电子技能与实训	陈雅萍	28.50	02	2007-8-1	1-1	
5363	SQL Server 2005 T-SQL数据库设计	胡百敬	80.00	01	2008-1-1	1-1	
630	计算机操作与使用	石河成	19.80	01	2005-3-1	1-1	
807	计算机图形图像	杨跃华	25.40	01	2005-5-1	1-1	

记录: 1 共有记录数: 10

图 1-29 “图书”表中的记录

8. 在“订单”表中输入记录，如图 1-30 所示。

订单 : 表

订单ID	单位	图书ID	册数	订购日期	发货日期	联系人	电话
1001	海洋科技学校	05439	30	07-09-20	07-11-10	李平	87658973
1001	育才中学	12080	50	07-09-20	07-11-10	王林	84537854
1001	黄海电子学校	129110	100	07-09-20	07-10-25	孙大鹏	83245676
1002	交通职业学校	129110	80	07-11-30	08-01-10	赵中华	84326535
1002	黄海电子学校	21873	60	07-11-30	07-12-16	孙大鹏	83245676
1003	宏达职业学校	13202	40	08-01-10	08-02-10	周万通	83465432
1003	交通职业学校	21873	50	08-01-10		赵中华	84326535
1003	育才中学	807	100	08-01-10	08-02-28	王林	84537854
1004	黄海电子学校	12080	120	08-05-07		孙大鹏	83245676

记录: 1 共有记录数: 10

图 1-30 “订单”表中的记录

第2章　数据表基本操作

学习目标

◆ 学会修改表的结构
◆ 能设置主关键字段
◆ 会设置值列表字段和查阅字段
◆ 能设置字段属性
◆ 能对表记录进行排序
◆ 能按条件筛选记录
◆ 会创建表间关系
◆ 能设置数据表格式

表是 Access 数据库最基本的对象，表的维护操作包括修改表结构、设置字段属性，以及数据的导入与导出等。

2.1　修改表结构

在维护数据库的过程中，有时需要对表的字段进行编辑修改，修改字段主要在"设计"视图的上半部分进行。例如，更改字段的名称，修改字段数据类型，在表中添加字段、删除字段和移动字段的位置等。更改字段的名称可以直接在"设计"视图和"数据表"视图中进行，更改数据类型字段时，单击"数据类型"列右侧的箭头，在出现的下拉列表中进行选择。

2.1.1　插入字段

在表的设计视图中，将光标移到要插入字段的位置上，单击"插入"→"行"命令，或者单击工具栏上的"插入行"按钮 ，后面的字段会下移一行，插入一个空白字段。输入一个新的字段名，然后再设置它的数据类型和属性等。插入新字段不会影响其他字段和表中原有的数据。

2.1.2　移动字段

表中记录字段的排列次序与创建表时字段输入的顺序是一致的，并决定了在表中显示的顺序。如果要重新排列字段的先后顺序，只要在表的设计视图中，首先单击要移动字段前的行选择器，选择该行，然后将鼠标指针指向该字段前的行选择器，并按住鼠标左键，将该字段拖动到新的位置上即可。

2.1.3　删除字段

在设计视图中删除表中的字段有以下方法。

● 将鼠标指针指向要删除的字段，单击"编辑"→"删除行"命令。

● 将鼠标指针指向要删除字段，单击常用工具栏中的"删除行"命令按钮 ⋺⁺。

● 单击要删除字段前的行选择器，然后按下【Del】键。

如果删除的字段中包含有数据，系统会给出一个警告信息，提示用户将丢失表中该字段的数据。如果表中包含有数据，则应确认是否确实删除该字段。如果要删除的字段是空字段，则不会出现警告信息。如果要删除的字段在查询、窗体或报表中被使用的话，还必须从使用的对象中将该字段删除。

📖　**课堂练习**

在表设计器中修改"课程"表结构，表结构如表 2-1 所示。

表 2-1　"课程"表结构

字　段　名	数　据　类　型	字　段　大　小
课程 ID	文本	4
课程名	文本	20
授课教师 ID	文本	4

2.2　设置主关键字

在表中定义一个字段为主关键字（主键），它能唯一标识表中的记录。当输入数据或对数据记录进行修改时，应确保表中不会有主关键字段值重复的记录，但不能将主关键字段值设置为空白。

在 Access 中可以定义单字段和多字段两种类型的主关键字。

2.2.1　设置单关键字段

例 1　为避免重复学号，试将"学生"表中的"学生 ID"字段设置为主关键字段。

分析：如果能用一个字段唯一标识表中的每一条记录，那么该字段可以设置为主关键字。在"学生"表中，由于每位学生的"学生 ID"是唯一的，可以将"学生 ID"字段设置为主关键字，不能定义"姓名"字段为主关键字。因为有可能出现姓名相同的两条或多条记录。

步骤

（1）在"学生"表设计视图中，选择"学生 ID"字段。

（2）单击工具栏中的"主键"按钮，或"编辑"→"主键"命令，这时在"学生 ID"字段的行选择器上会显示主关键字图标，如图 2-1 所示。

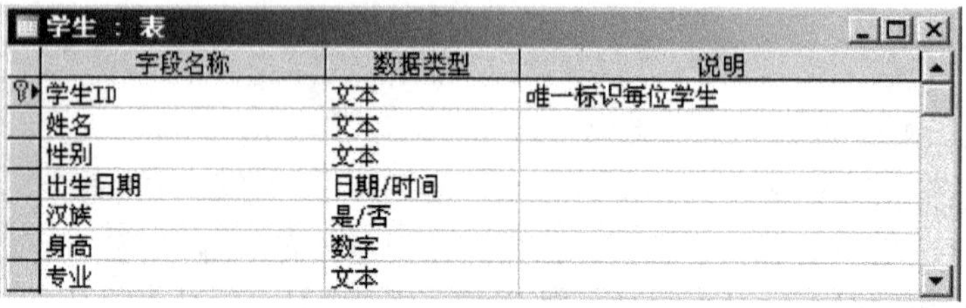

图 2-1　设置主关键字

提示

如果不能确定表中的字段能否作为主关键字时，可以插入一个"自动编号"数据类型的字段，将它设置为主关键字段。

"自动编号"类型的字段有"新值"属性，它包含有"递增"和"随机"两个选项，默认设置是"递增"。选择"递增"时，在增加记录时，该字段的序号会自动加 1；选择"随机"时，在增加记录时，该字段的序号为随机数。这些数字都不会重复，能唯一标识表中的每一条记录，因此可以将"自动编号"类型的字段设置为主关键字。例如，Northwind 数据库"产品"表中的"产品 ID"字段就是自动编号类型的字段。

2.2.2　设置多关键字段

例 2　将"成绩"表中的"学生 ID"和"课程 ID"字段设置为主关键字段。

分析：当用单个字段无法唯一标识表中的记录时，可以将两个或多个字段作为主关键字来唯一标识每一条记录。在"成绩"表中，由于"成绩 ID"或"课程 ID"字段都不能唯一标识每一条记录，而将这两个字段组合在一起可以标识每一条记录，因此，可以同时将这两个字段设置为主键。

步骤

（1）在"成绩"表设计视图中，按下【Ctrl】键，依次单击"学生 ID"和"课程 ID"字段的行选择器，如图 2-2 所示。

（2）单击工具栏中的"主键"按钮即可。

取消主关键字的设置时，选中主关键字段所在的行，然后单击工具栏上的"主键"按钮，或"编辑"菜单中的"主键"命令即可。

图 2-2 设置多字段为主关键字

 提示

当表与其他表建立了关系后，不要随意撤销或删除主键。如果有必要，一般先要删除与其他表的关系，再删除主键。

 **相关知识**

主键与外键

主键是能够唯一标识表中每条记录的一个字段或多个字段的组合。它不允许 Null 值，且主键的键值必须始终是唯一的。如果表中的现有属性都不是唯一的，就要创建作为标识的键（通常是数字值），并把该键设为主键。例如，"学生"表中的"学生 ID"字段，"课程"表中的"课程 ID"字段都应设成主键。

外键是存在于子实体中，用来与相应的父实体建立关系的值。父实体能通过在子实体中搜索相关实例的外键，找到所有相关的子实体。子实体中的外键通常是父实体的主键。一个表（实体）中主键是唯一的，外键可以有多个。例如，"学生 ID"字段在"学生"表中是主键，在"成绩"表中就是外键；"课程 ID"字段在"课程"表中是主键，在"成绩"表中就是外键。在 Access 2003 中允许定义 3 种类型的主键。

（1）自动编号主键。当向表中添加每一条记录时，能够将自动编号字段设置为自动输入的连续数字的编号。将自动编号字段指定为主键是创建主键的最简单的方法。例如，在保存新表之前没有设置主键，在保存 Access 时将询问是否要创建主键，如果选择"是"，Access 将创建自动编号主键。

（2）单字段主键。如果一个字段中包含都是唯一的值，如学号、身份证号、职工号等，则可以将这些类型字段指定为主键。如果所选字段有重复值或 Null，Access 将不会将该字段设置为主键。

（3）多字段主键。在一个表中，如果不能保证任何单字段包含唯一值的情况下，可以将两个或多个字段的组合指定为主键，如在"成绩"表中，"学生 ID"和"课程 ID"这两个字段的值都不是唯一的，不能分别设置为主键，但当把两个字段组合起来后，其组合值就具有唯一性了，可以指定为主键。

📖 **课堂练习**

1. 设置"教师"表的"教师 ID"字段为主关键字段。
2. 设置"课程"表的"课程 ID"字段为主关键字段。

2.3　设置值列表字段和查阅字段

"成绩管理"数据库"学生"表中的"性别"字段，只有"男"或"女"两个值，可以把该字段设置为值列表字段。在输入数据时，直接从预设的值列表中进行选择即可，以提高录入速度。

2.3.1　创建值列表字段

例3　设置"学生"表中的"性别"字段为值列表字段。

分析： 值列表字段的创建，不仅可用向导来创建，也可在表设计视图中直接创建。

步骤

（1）在表"设计"视图中，打开"学生"表。

（2）单击要设置值列表字段所在的行。例如，单击"性别"字段，然后在窗口下部选择"字段属性"中的"查阅"选项卡。

（3）在"显示控件"下拉列表框中选择"组合框"；在"行来源类型"下拉列表框中选择"值列表"；在"行来源"行中输入值列表所包含的值，对于文本值应加上双引号，而且各个值之间用分号分隔（标点符号全部用英文标点符号），如图 2-3 所示。这样，表中的"性别"字段就定义了"男"、"女"两个值。

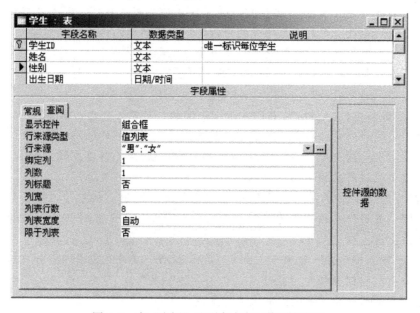

图 2-3　在"查阅"选项卡中定义值列表字段

（4）单击工具栏上的"保存"按钮，以保存对表的修改。

打开"学生"表，在输入或修改记录的"性别"字段值时，除了直接输入"男"、"女"外，还可以从组合框中进行选择输入，如图 2-4 所示。

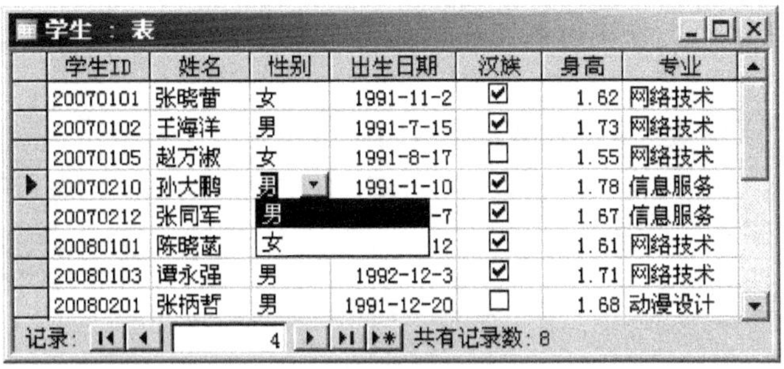

图 2-4 从组合框中选择字段值

2.3.2 创建查阅字段

"课程"表中的"课程名"字段有"语文"、"数学"、"网站建设与开发"和"网络基础"等值,除了直接输入该字段的值外,还可以通过"课程名称"表来提供。下面将"课程名"字段设置为"查阅字段"。

例 4 将"课程"表中的"课程名"字段设置为查阅字段,由"课程名称"表提供该字段值列表。

分析:在表中创建查阅字段后,在输入数据时可以从组合列表框中直接选择一个值来输入,以加快记录的输入速度。当需要更改"课程名"字段组合框的输入值时,可以直接在"课程名称"表中进行记录的添加或修改,"课程名称"记录如图 2-5 所示。

图 2-5 "课程名称"记录

步骤

(1)在表"设计"视图中,打开要创建查阅字段的"课程"表。

(2)单击"课程名"字段行,在"数据类型"列中选择"查阅向导",出现如图 2-6 所示的"查阅向导"对话框,选择"使用查阅列查阅表或查询中的值"选项。

提示

提供查阅的数据源有"值列表"和"表或查询"两种类型。其中"值列表"一般用于少量的、固定的一组数据集合;而"表或查询"是指将"查阅向导"类型的字段通过 SQL-

SELECT 查询语句链接到表或查询中，为"查阅向导"类型字段提供数据。

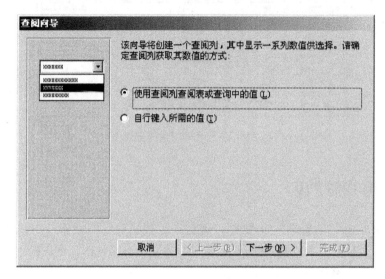

图 2-6　确定查阅字段获取数值的方式

（3）单击"下一步"按钮，出现如图 2-7 所示的"查阅向导"对话框，在"视图"选项中选择"表"，在列表中选择"课程名称"表。

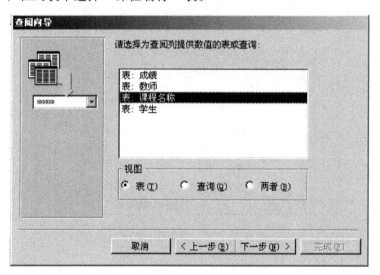

图 2-7　选择提供查阅字段的表

（4）单击"下一步"按钮，出现如图 2-8 所示的"查阅向导"对话框，选择一个字段为查阅字段提供数值，如选择"课程名"字段。

（5）单击"下一步"按钮，出现如图 2-9 所示的对话框，选择要排序的字段。

（6）单击"下一步"按钮，出现如图 2-10 所示的对话框，指定查阅字段列的宽度。可用鼠标拖动右边缘到所需要的宽度，或者双击列标题的右边缘以获取合适的宽度。

（7）单击"下一步"按钮，在出现的"查阅向导"对话框中为查阅字段指定标签，默认为字段名称，最后单击"完成"按钮。

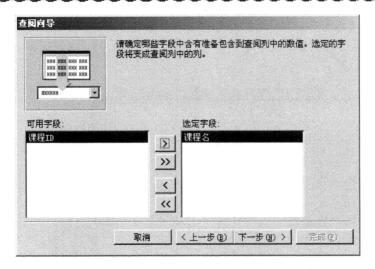

图 2-8　选择查阅字段列

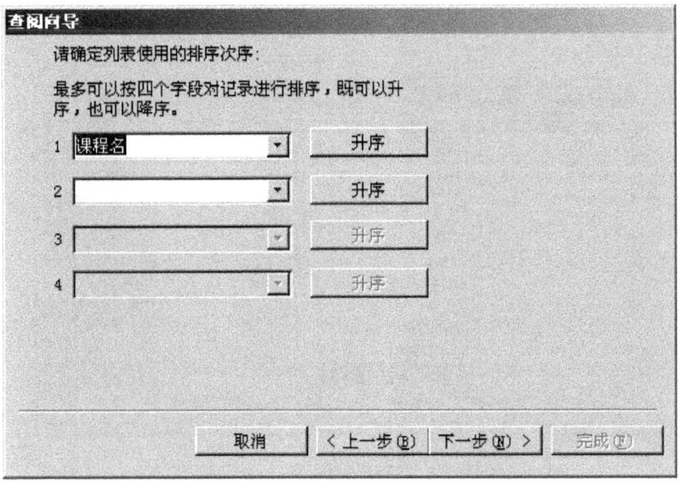

图 2-9　选择字段排序对话框

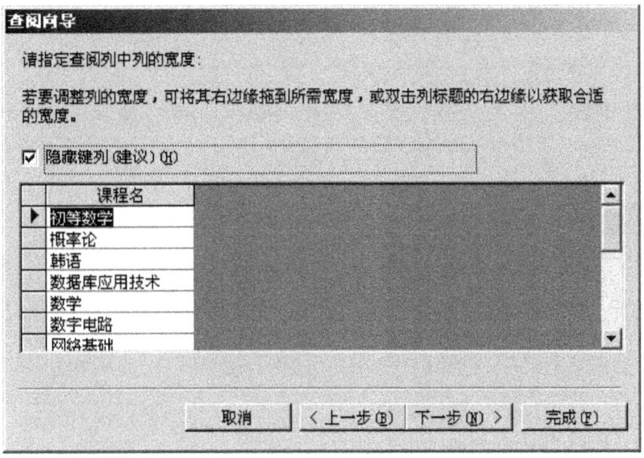

图 2-10　指定查阅字段宽度对话框

例如，当在"课程"表中增加了一条"网页制作"的记录时，如图 2-11 所示，在"课程"表中输入或修改"读者名"字段值时，可以直接进行选择，避免了输入的错误，如图 2-12 所示。

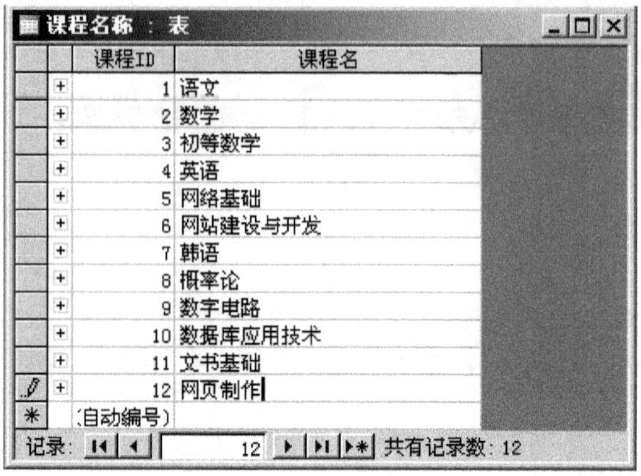

图 2-11　添加记录

图 2-12　从组合框中选择字段值

📖　**课堂练习**

1. 创建一个"专业名称"表，设置一个"专业"字段。
2. 将"学生"表中的"专业"字段设置为查阅字段，由"专业名称"表提供该字段的值。

2.4　设置字段属性

字段属性包括字段大小、格式、标题、默认值和输入掩码等，字段不同的数据类型有不同的属性。

2.4.1　设置字段大小

通过"字段属性"的"字段大小"文本框，可以确定一个字段数据内部的存储空间。

该属性只适用于"文本"、"数字"或"自动编号"型的字段。对于一个"文本"型字段,该字段大小的取值范围为 0～255 个字符,默认值为 50。对于一个"数字"型字段,可以从下拉式列表中选择一种类型来存储该字段数据,如图 2-13 所示。

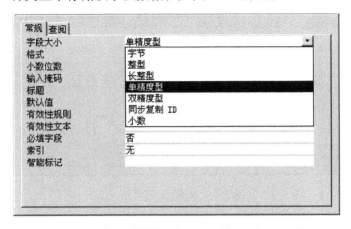

图 2-13 数字型字段对应的"字段大小"文本框

如果"文本"型字段中已经输入了数据,那么缩小该字段的大小可能会丢失数据,系统会自动截去超出部分的字符。如果在"数字"型字段中包含有小数,那么将字段大小设置为整数时,系统会自动将小数进行四舍五入取整。

"数字"或"货币"型数据可以设置小数位数。如果选择小数位数为"自动",则小数位数由"格式"来确定。

2.4.2 设置字段格式

"格式"决定了数据的显示方式和打印方式。例如,对于"数字"型字段,可以选择常规数字、货币、标准、百分比或科学记数等格式,如图 2-14 所示。对于"日期/时间"型的字段,系统提供了常规日期、长日期、中日期和短日期等格式,如图 2-15 所示。

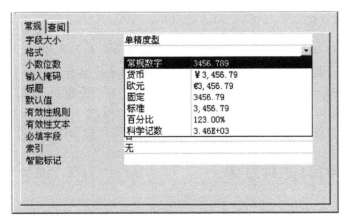

图 2-14 "数字"型格式

数据的不同格式只是在输入和输出的形式上表现得不同,而内部存储的数据是不变的。数据格式应统一，使显示的数据整齐、美观。

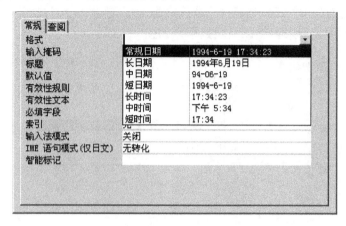

图 2-15　日期/时间型格式

2.4.3　设置字段标题和默认值

1．设置字段标题

可以给字段名设置一个用户比较熟悉的标题，并用它来标识数据表视图中的字段，也可以标识窗体或报表中的字段。例如，可以将"学生"表中的"专业"字段名的标题设置为"专业名称"，每当在"学生"表视图中显示记录时，"专业"字段名列表头即显示为"专业名称"。

 提示

字段名和标题可以不相同，但内部引用的仍是字段名。如果未指定标题，则标题默认为字段名。

2．设置字段默认值

输入记录时，如果某个字段的内容固定不变或很少变化，那么可以设置该字段的默认值。设置字段的输入默认值，在每输入每一条记录时，系统会自动把这个默认值显示在该字段中，避免了多次输入相同的内容，提高了工作效率。对于设置默认值的字段，仍可以输入其他的数据来取代默认值。例如，将"学生"表中的"性别"字段的默认值设置为"男"，每当输入记录时，系统自动将"性别"赋初值"男"，可以减少该字段值的输入。

2.4.4　设置字段有效性规则

例 5　在"学生"表中，将"身高"字段值设定在 1.00～2.50 米之间，当超出这个范围时，给出提示信息。

分析：设置了字段的"有效性规则"后，在向表中输入数据时，系统会自动检查输入的数据是否符合有效性规则，如果不符合有效性规则，会给出提示信息，显示有效性文本所设置的内容，这样就能确保输入数据的正确性。有效性规则有多种多样，在“日期/时间”型字段中，可以将数值限制在一定年月内；在“文本”型字段中，可以限制输入文本的长度等。

步骤

（1）在“学生”表的设计视图中，单击“专业”字段，在“字段属性”框中显示该字段的所有属性。

（2）在“有效性规则”文本框中输入条件表达式>=1.00 And <=2.50；或单击生成器按钮，打开“表达式生成器”对话框，输入条件表达式>=1.00 And <=2.50。

（3）在“有效性文本”文本框中，输入提示信息。例如，输入“身高必须在 1.00 到 2.50 之间”，如图 2-16 所示。

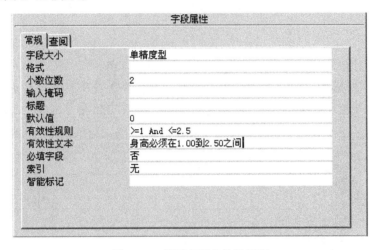

图 2-16 设置字段有效性规则

（4）保存设置。

表达式中的“And”为逻辑运算符，逻辑运算符有“And”、“Or”和“Not”，分别表示逻辑与、或、非。

下面列出了一些常用的有效性规则的表示方法。

● 表示“成绩”在 0～100 之间的表达式：

>=0 and <=100 或 between 0 and 100

● 表示“成绩”大于 80 的表达式：

>80

● 表示“职称”是“工程师”或“教授”的表达式：

职称 IN ("工程师","教授")

● 表示出生日期在 1982 年 11 月 1 日以后的表达式：

>= #1982-11-1#

● 表示"出生日期"在 1982 年 1 月 1 日至 1985 年 12 月 31 日之间的表达式：

>= #1982-1-1# and <= #1985-12-31# 或 between >= #1982-1-1# and <= #1985-12-31#

● 在"汉族"字段中表示是否是汉族的表达式：

yes 或 true

2.4.5 设置索引

例 6　对"成绩"表中的"学生 ID"字段按升序建立索引。

分析：索引可加速对记录的查询，还能加速排序及分组操作。例如，如果在"学生ID"字段中搜索某一学生，可以创建此字段的索引，以加快搜索该字段。

步骤

（1）在"成绩"表设计视图中，选择"学生 ID"字段。

（2）在"字段属性"的"常规"选项卡中，单击"索引"下拉列表，选择"有（有重复）"，这时因为可能有相同的书名，所以只能选择"有（有重复）"选项，如图 2-17 所示。

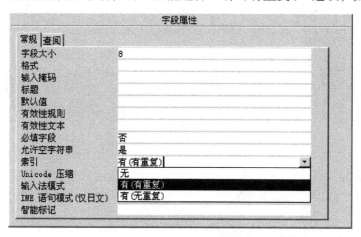

图 2-17　建立索引

索引有下列 3 种情况。

● 无：系统默认设置，该字段不被索引。

● 有（有重复）：此索引允许该字段有相同值的多条记录参加索引。

● 有（无重复）：此索引不允许字段值重复，每条记录的该字段值必须唯一。

当一个字段定义为主键时，它即自动建立了索引，而且是"无重复"的主索引。

提示

设置索引可以在表设计视图模式下，单击"视图"→"索引"命令，打开"索引"窗口进行设置。在"索引"窗口中可以查看或设置多字段索引，如图 2-18 所示。不能对备注型、超链接或 OLE 对象等数据类型的字段建立索引。

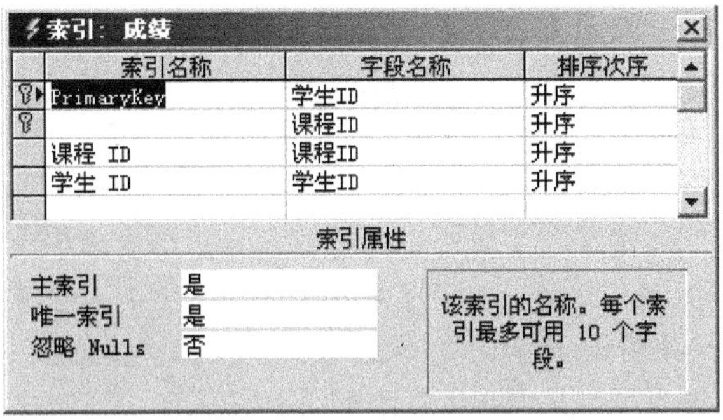

图 2-18　"索引"窗口

2.4.6　设置必填字段

　　"必填字段"属性用于指定字段中是否必须有值。如果将某个字段的"必填字段"属性设置为"是"，则在记录中输入数据时必须在该字段中输入数值，而且不能为 Null 值。例如，在"学生"表中，为了确保"学生 ID"对每一条记录都有一个值，就应当将该字段"必填字段"属性设置为"是"。如果将字段的"必填字段"属性设置为"否"，则在输入记录时并不一定要在该字段中输入数据。一般情况下，新创建表的"必填字段"属性默认设置为"否"。

　　如果已经对字段的"有效性规则"属性进行了设置，同时又允许在该字段中出现 Null 值，不仅要将"必填字段"属性设置为"否"，而且还必须在原来的"有效性规则"后面附加上"Or Is Null"部分，即变成"<有效性规则表达式> Or Is Null"。

 **相关知识**

空值和 Null 值

　　空字符串和 Null 值是两种可以区分的空值。因为在某些情况下，字段为空，可能是因为信息目前无法获得或者字段不适用于某一特定的记录。例如，表中有一个"电话号码"字段，将其保留为空白，可能是因为不知道顾客的电话号码，或者该顾客没有电话号码。在这种情况下，使字段保留为空或输入 Null 值，意味着"不知道"。双引号内为空字符串则意味着"知道没有值"。采用字段的"必填字段"和"允许空字符串"属性的不同设置组合，可以控制对空白字段的处理。"允许空字符串"属性只能用于"文本"、"备注"或"超链接"字段。"必填字段"属性决定是否必须有数据输入。当"允许空字符串"属性设置为"是"时，Access 将区分两种不同的空白值：Null 值和空字符串。如果允许字段为空且不需要确定为空的条件，可将"必填字段"和"允许空字符串"属性设置为"否"，作为新"文本"、"备注"或"超链接"字段的默认设置。

　　如果只允许没有字段记录值时使字段为空，可将"必填字段"属性和"允许空字符串"属性都设置为"是"。在这种情况下，使字段为空的唯一方法是输入不带空格的双引号，或按空格来输入空字符串。如果不希望字段为空，可将"必填字段"属性设置为"是"，将"允许空字符串"属性设置为"否"。如果希望区分字段空白的两个原因为信息未知和没有信息，可将"必填字段"属性设置为"否"，将"允许空字符串"属性设置为

"是"。在这种情况下，添加记录时，如果信息未知，应该使字段保留空白（即输入 Null 值）；如果没有提供给当前记录的值，则应该输入不带空格的双引号（""）来表示一个空字符串。如何查找空字符串和 Null 值：如果用户需要将表中含有空字符串和 Null 值的记录做相应的修改，就需要使用"编辑"菜单上的"查找"命令来查找 Null 值或空字符串的位置。方法是在"数据表"视图或"窗体"视图中，选择要搜索的字段，在"查找内容"框中输入"Null"来查找 Null 值，或输入不带空格的双引号（""）来查找空字符串，在"匹配"框中选择"整个字段"，并确保已清除"按格式搜索字段"复选框。一般来说，在以升序排序字段时，任何含有空字段（包含 Null 值）的记录都将列在列表中的第一条。如果字段中同时包含 Null 值和空字符串，包含 Null 值的字段将在第一条显示，紧接着是空字符串。

2.4.7　设置输入掩码

输入掩码和格式属性看上去差不多，都能控制数据的显示方式，但输入掩码属性可以控制用户的输入，为开发人员在控制用户输入上提供便利。比如，通过自定义输入掩码，可以控制用户在文本框或表字段中只能输入字母或只能输入数字，并且还能控制输入的字母或数字的位数。这样比等用户随意输入后，再在代码里判断输入数据的有效性或通过有效性规则属性来判断输入要高效得多。

对于同一个数据，如果既定义了格式属性，又定义了输入掩码属性，格式属性的优先级比输入掩码属性高，这时输入掩码属性会被忽视。

例 7　给"学生"表中的"出生日期"字段设置掩码，格式为"长日期（中文）"格式。

分析：使用"输入掩码"属性可以创建输入掩码（也称为字段模板），输入掩码使用原义字符来控制字段或控件的数据输入。对于文本型和日期型字段，系统提供了"输入掩码向导"，帮助用户正确设置掩码。

步骤

（1）在"学生"表的设计视图中，选择"出生日期"字段。

（2）单击"常规"选项卡"输入掩码"右侧的 按钮，启动"输入掩码向导"，如图 2-19 所示。

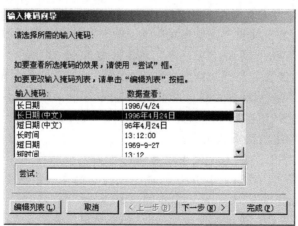

图 2-19　"输入掩码向导"对话框

（3）选择"长日期（中文）"输入掩码格式，单击"下一步"按钮，在出现的对话框中确定输入的掩码，可以输入"占位符"并单击"尝试"，查看所设置掩码的效果，如图 2-20 所示。

图 2-20　确定输入掩码对话框

（4）保存所设置的掩码，在数据表视图中输入记录时会显示掩码的格式。

相关知识

输 入 掩 码

给字段设置"输入掩码"，可以保证在该字段输入数据格式的正确性，避免输入数据时出现错误。输入掩码与"格式"属性类似，但"格式"只能用来改变数据显示的方式，而"输入掩码"可以定义数据的输入模式。在建立输入掩码时，可以使用特殊字符来要求某些必须输入的数据。例如，电话号码的区号与电话号码之间用括号或连接号分隔，身份证号码都是数字字符等。

对于数字型、文本型或日期型字段，用户可以自己来定制输入掩码。例如，对日期型字段输入的掩码可以指定为 0000–00000000，"0"的含义是只能输入一个数字，且必须输入一个数字，"–"作为分隔符直接跳过。定义输入掩码属性所用的字符如表 2-1 所示。

表 2-2　输入掩码原义字符及其含义

原 义 字 符	含　　　　义
0	必须输入数字，不允许加、减号
9	可以输入数字或空格，不允许加、减号
#	可以输入数字或空格（可选；在"编辑"模式下空格以空白显示，但是在保存数据时空白将被删除；允许加号或减号）
?	可以输入字母（A~Z）
&	必须输入字母或一个空格
<	将其后所有字符转换为小写
>	将其后所有字符转换为大写

续表

原 义 字 符	含　义
!	使输入掩码从右到左显示，而不是从左到右显示。输入掩码中的字符始终都是从左到右填入。可以在输入掩码中的任何地方包括感叹号
\	使后面的字符以原义字符显示，如\A 显示为 A
. , : ; - /	小数点占位符及千位、日期与时间分隔符（实际使用的字符取决于 Microsoft Windows 控制面板中指定的区域设置）
A	必须输入字母或数字
C	可以输入字母或一个空格
L	必须输入字母（A~Z）
a	可以输入字母或数字

如表 2-2 所示给出了部分输入掩码及输入的示例数据。

表 2-3　输入掩码及示例数据

输 入 掩 码	示 例 数 据
(000) 000-0000	(206) 555-0248
(999) 999-9999!	(206) 555-0248　或　(　) 555-0248
(000) AAA-AAAA	(206) 555-TELE
#999	–20　或　2000
>L????L?000L0	GREENGR339M3　或　MAY R 452B7
>L0L 0L0	T2F 8M4
00000-9999	98115-　或　98115-3007
>L<???????????????	Maria　　或　　Brendan
SSN 000-00-0000	SSN 555-55-5555
>LL00000-0000	DB51392-0493
\AAA	AAA
密码	将"输入掩码"属性设置为"密码"，以创建密码项文本框。文本框中输入的任何字符都按字面字符保存，但显示为星号（＊）

如果给某字段定义了输入掩码，又设置了它的"格式"属性，"格式"属性的显示将优先于"输入掩码"的设置。

📖 **课堂练习**

1. 设置"学生"表中的"姓名"字段的标题为"学生姓名"。
2. 设置有效性规则，在"成绩"表的"成绩"字段中，成绩不能为负数。
3. 给"学生"表中的"电话号码"字段设置输入掩码，可以输入数字或空格。

2.5　记录排序

在"数据表"视图窗口中，表中的数据显示顺序通常是根据数据录入的先后顺序排列的，有时候需要某种排列，可以利用 Access 的排序功能来对数据进行重新排序。

2.5.1 单字段排序

例 8 对“学生”表的“姓名”字段按升序重新排列记录。

分析：表中记录的排列次序是按输入时的顺序排列的，如果表中设置了主关键字的话，在数据表视图中记录将按主关键字的顺序排列。

步骤

（1）在数据表视图中打开“学生”表，单击要排序的“姓名”字段，如图 2-21 所示。

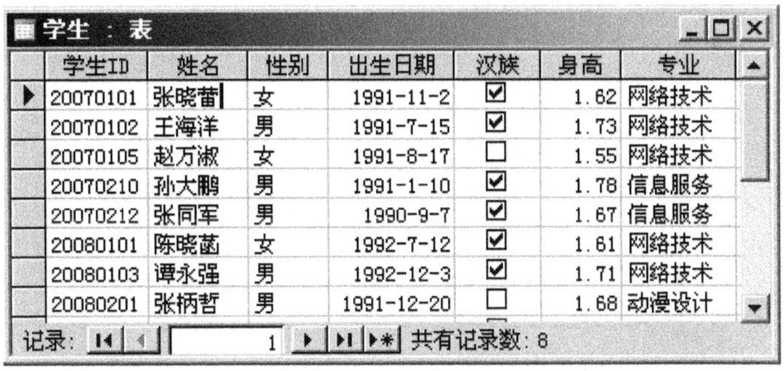

学生 : 表

学生ID	姓名	性别	出生日期	汉族	身高	专业
20070101	张晓蕾	女	1991-11-2	☑	1.62	网络技术
20070102	王海洋	男	1991-7-15	☑	1.73	网络技术
20070105	赵万淑	女	1991-8-17	☐	1.55	网络技术
20070210	孙大鹏	男	1991-1-10	☑	1.78	信息服务
20070212	张同军	男	1990-9-7	☑	1.67	信息服务
20080101	陈晓菡	女	1992-7-12	☑	1.61	网络技术
20080103	谭永强	男	1992-12-3	☑	1.71	网络技术
20080201	张柄哲	男	1991-12-20	☐	1.68	动漫设计

记录: 1 共有记录数: 8

图 2-21 “学生”表记录

（2）单击工具栏中的“升序”按钮，则对数据记录按升序排序，排序结果如图 2-22 所示。如果单击工具栏中的“降序”按钮，则对数据记录按降序排序。

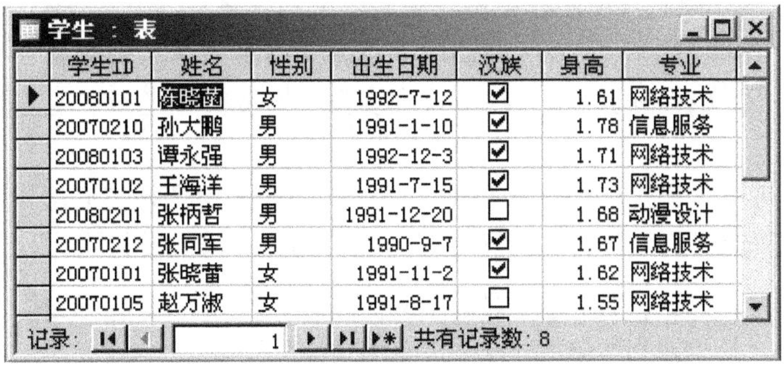

学生 : 表

学生ID	姓名	性别	出生日期	汉族	身高	专业
20080101	陈晓菡	女	1992-7-12	☑	1.61	网络技术
20070210	孙大鹏	男	1991-1-10	☑	1.78	信息服务
20080103	谭永强	男	1992-12-3	☑	1.71	网络技术
20070102	王海洋	男	1991-7-15	☑	1.73	网络技术
20080201	张柄哲	男	1991-12-20	☐	1.68	动漫设计
20070212	张同军	男	1990-9-7	☑	1.67	信息服务
20070101	张晓蕾	女	1991-11-2	☑	1.62	网络技术
20070105	赵万淑	女	1991-8-17	☐	1.55	网络技术

记录: 1 共有记录数: 8

图 2-22 按“姓名”字段升序排序

提示

按多个相邻字段对记录进行排序时，如“学生”表中的“性别”和“出生日期”字段相邻，在数据表视图中先选择要排序的相邻字段列，然后单击工具栏中的“升序”按钮或“降序”按钮，系统自动对所选字段列进行排序。排序时先对最左边的字段排序，当遇到第一个字段值相同的记录时，再根据第二个字段值进行排序。

在对多个相邻字段排序时，是按同一种顺序排序的。如果对多个字段按不同方式排序或对不相邻的字段进行排序，必须使用“高级筛选/排序”功能。

2.5.2 多字段排序

例9 对"学生"表中的"专业"字段升序、"出生日期"字段降序排列记录。

分析： 由于"性别"字段和"出生日期"字段是不相邻的，要对这两个字段进行排序，需要使用"高级筛选/排序"功能。

步骤

（1）打开"学生"表视图，单击"记录"→"筛选"→"高级筛选/排序"命令，打开如图 2-23 所示的"筛选"窗口。

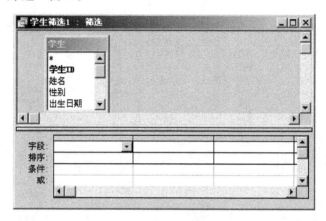

图 2-23 "高级筛选/排序"窗口

（2）"筛选"窗口的上部分显示了"学生"表的字段列表。从该字段列表中，分别将"专业"字段和"出生日期"字段拖到窗口下部分网格中的第 1 列和第 2 列的字段处；也可以单击"字段"单元格右侧的箭头，在下拉列表框中选取排序记录。这里两个字段的先后顺序位置不能颠倒。

（3）单击"排序"单元格右侧的箭头，从下拉列表框中选择"升序"或"降序"来排列记录。例如，将"专业"字段设置为升序，"出生日期"字段设置为降序，如图 2-24 所示。

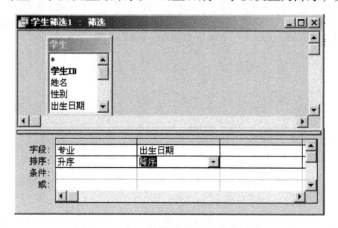

图 2-24 设置的排序字段和排列次序

（4）单击“筛选”→“应用筛选/排序”命令，系统自动按设置的排序次序排列记录，排序后的结果如图 2-25 所示。

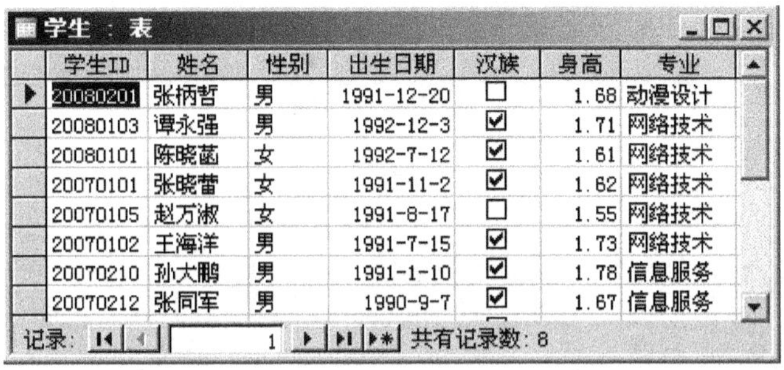
学生 : 表

学生ID	姓名	性别	出生日期	汉族	身高	专业
20080201	张柄哲	男	1991-12-20	☐	1.68	动漫设计
20080103	谭永强	男	1992-12-3	☑	1.71	网络技术
20080101	陈晓菡	女	1992-7-12	☑	1.61	网络技术
20070101	张晓蕾	女	1991-11-2	☑	1.62	网络技术
20070105	赵万淑	女	1991-8-17	☐	1.55	网络技术
20070102	王海洋	男	1991-7-15	☑	1.73	网络技术
20070210	孙大鹏	男	1991-1-10	☑	1.78	信息服务
20070212	张同军	男	1990-9-7	☑	1.67	信息服务

记录: 1 共有记录数: 8

图 2-25　排序后的“学生”表记录

从排序结果中可以看到，先按“专业”字段升序排序，对于专业相同的记录又按“出生日期”字段降序排序。在记录排序并保存之后，下次打开该表时，数据的排列顺序与上次关闭时的顺序相同。此时，如果要取消排序顺序，可单击“记录”→“取消筛选/排序”命令，表中记录的排列即恢复到排序前的次序。

课堂练习

1. 对“学生”表按“出生日期”字段升序排序。
2. 对“学生”表按“性别”字段按升序排序、“出生日期”字段按降序排序。

2.6　筛选记录

筛选就是一个简单的查询，在 Access 2003 中有多种筛选记录的方法，如“按窗体筛选”、“按选定内容筛选”、“内容排除筛选”和“高级筛选/排序”。

2.6.1　按窗体筛选记录

例 10　在“学生”表中筛选专业为“网络技术”的记录。

分析：通过数据表视图可以浏览记录，但要浏览某一类别的记录，可以使用按窗体筛选记录功能。

步骤

（1）打开“学生”表视图。

（2）单击工具栏中的“按窗体筛选”按钮，在“专业”字段下拉列表中选择“网络技术”，如图 2-26 所示。

（3）单击工具栏中的“应用筛选”按钮，则“学生”表中“网络技术”专业的记录，显示在“数据表”视图中，如图 2-27 所示。

当要取消筛选时，单击工具栏上的“取消筛选”按钮即可。

图 2-26 "按窗体筛选"记录

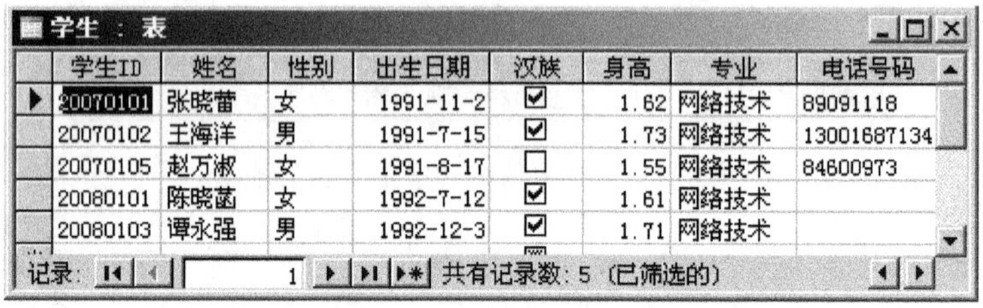

图 2-27 按窗体筛选出"网络技术"专业的记录

2.6.2 按选定内容筛选记录

例 11 在"成绩"表中筛选学号 ID 为"20070102"的学生的各门课程的成绩。

分析： 使用按窗体筛选记录，适应筛选的字段类别不宜太多，而使用按选定内容筛选记录，可以在数据表视图中比较方便地筛选到满足条件的记录。

步骤

（1）在"数据表"视图窗口打开"成绩"表。

（2）单击"学生 ID"字段 "20070102"记录中的任意一条，再单击工具栏上的"按选定内容筛选"按钮 ，结果如图 2-28 所示。

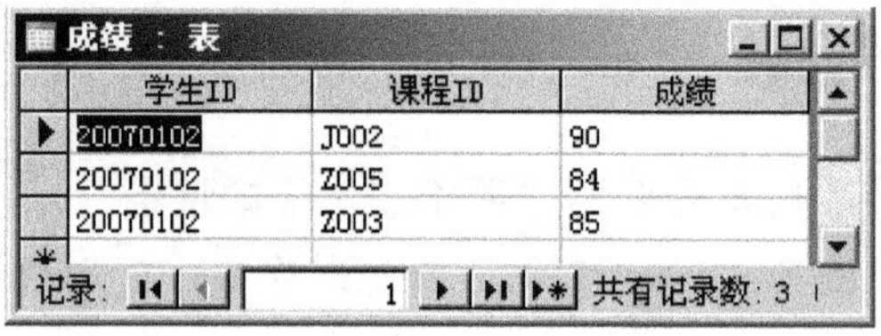

图 2-28 按内容筛选出学号 ID 为"20070102"的记录

如果要取消数据表筛选操作，可单击工具栏上的"取消筛选"按钮，或者单击"记录"菜单中的"取消筛选/排序"命令。

2.6.3 高级筛选记录

例 12 在"学生"表中筛选出"张"或"王"姓记录。

分析： 该筛选需要使用通配符"*"或"?"，在筛选窗口的"条件"单元格中输入条件

"张* Or 王*"。

 步骤

（1）在"数据表"视图中打开"学生"表。

（2）选择菜单"记录"→"筛选"→"高级筛选/排序"命令，出现"筛选"窗口。

（3）在"字段"行中，选择要进行筛选的"姓名"字段，在"条件"行中输入筛选的条件"张*"。例如，要筛选出学生为"张"姓和"王"姓的记录，可以在"条件"单元格中输入"张* Or 王*"，系统自动显示为 Like "张*" Or Like "王*"，如图 2-29 所示；也可以在"条件"单元格中输入"张*"，在"或"单元格输入"王*"。

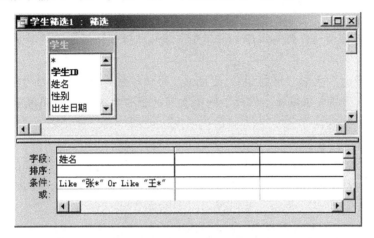

图 2-29 输入筛选条件

（4）单击工具栏上的"应用筛选"按钮，结果如图 2-30 所示。

学生ID	姓名	性别	出生日期	汉族	身高	专业
20070101	张晓蕾	女	1991-11-2	☑	1.62	网络技术
20070102	王海洋	男	1991-7-15	☑	1.73	网络技术
20070212	张同军	男	1990-9-7	☑	1.67	信息服务
20080201	张柄哲	男	1991-12-20	☐	1.68	动漫设计

图 2-30 筛选记录结果

提示

如果要查找某一字段值为"空"或"非空"的记录，可在该字段中输入条件 Is Null 或 Is Not Null。

课堂练习

1. 在"读者"表中按窗体筛选男性的全部记录。
2. 将上述筛选使用选定内容筛选。
3. 在"课程"表中筛选"语文"和"英语"的课程名。

2.7　表间关系

在 Access 数据库中为某个应用系统创建了不同的表后，还必须告诉 Access 如何将这些表中的信息组合在一起，为此必须定义表之间的关系，然后通过创建查询、窗体及报表来显示从多个表中检索的信息。

关系是在两个表的字段之间所创建的联系，表间关系可以分为一对一、一对多和多对多 3 种类型。

2.7.1　定义表之间关系

例 13　将"成绩管理"数据库中的"学生"表和"成绩"表通过"学生 ID"字段建立一对多关系。

分析：在"学生"表中"学生 ID"为主键，每位学生是唯一的，在"成绩"表中，记录着每位学生各门课程的考试成绩，因此，两个表可以通过"学生 ID"字段建立一对多关联。

步骤

（1）在"成绩管理"数据库窗口，单击工具栏中的"关系"按钮 ，打开"关系"窗口。如果"成绩管理"数据库中各表之间已建立关系，则显示各表之间的关系。这里各表之间还没有建立关系，所以"关系"窗口空白，如图 2-31 所示。

图 2-31　"关系"窗口

（2）单击工具栏中的"显示表"按钮 ，打开"显示表"对话框，如图 2-32 所示。

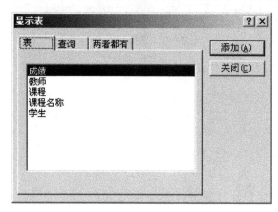

图 2-32　"显示表"对话框

（3）在"表"选项卡中选择"学生"表，单击"添加"按钮，将"学生"表添加到"关系"窗口中。同样再把"成绩"表添加到"关系"窗口中。添加结束后关闭"显示表"对话框。

（4）在"关系"窗口中把用于建立"关系"的"学生"表中的"学生 ID"字段拖到"成绩"表中的"学生 ID"字段上，同时打开"编辑关系"对话框，如图 2-33 所示。

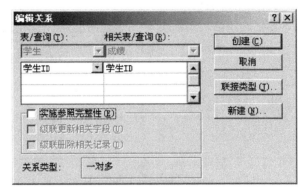

图 2-33　"编辑关系"对话框

"编辑关系"对话框中 3 个选项的含义如下。

- 实施参照完整性：控制相关表中记录的插入、更新或删除操作，确保关联表中记录的正确性。
- 级联更新相关字段：当主表中的主键（主索引）更新时，相关联表中该字段值也会自动更新。
- 级联删除相关记录：当主表的记录被删除时，关联表相同字段值的记录将自动被删除。

建立参照完整性关系必须满足以下两个条件：一是主表的相关字段必须为主键或具有唯一索引；二是两表的相关字段必须具有相同的数据类型且在同一个数据库中。

（5）在"编辑关系"对话框中，检查显示在两个列中的字段名是否正确，并选中"实施参照完整性"复选框，这样可以在更新和删除记录时实施参照完整性操作。单击"创建"按钮，系统会自动创建该关系，两表中"学生 ID"关键字之间出现一条粗线，关系两端标有"1"和"∞"，表明两个表之间创建了一对多的关系，如图 2-34 所示。

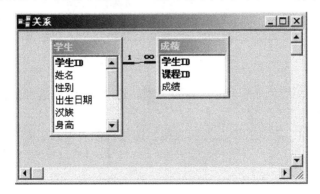

图 2-34　创建的表间关系

（6）关闭"关系"窗口，把创建的关系保存到数据库中。

两个表之间的关系，一般选择数据类型相同的字段建立关系，但两个字段名不一定相同，为了便于记录，建议使用两个相同的字段名。

"成绩管理"数据库中各个表之间建立的关系，如图 2-35 所示。

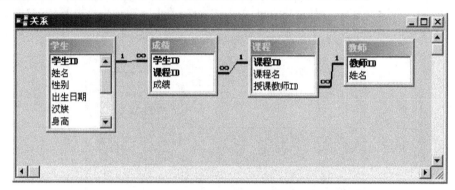

图 2-35　"成绩管理"数据库中的表间关系

2.7.2　设置联接类型

联接是表或查询中的字段与另一个表或查询中具有同一数据类型的字段之间的关联。根据联接的类型，不匹配的记录可能被包括在内，也可能被排除在外。在 Access 数据库中创建基于相关表的查询时，它设置的联接类型将被用做默认值，以后在定义查询时，随时可以覆盖默认的类型。若要在两个表之间设置默认的类型，操作步骤如下。

（1）打开要设置默认联接类型的数据库，并切换到"数据库"窗口。

（2）单击工具栏上的"关系"按钮，打开"关系"窗口。

（3）双击两个表之间联接线的中间部分，打开"编辑关系"对话框。

（4）单击"联接类型"按钮，打开"联接属性"对话框，如图 2-36 所示。

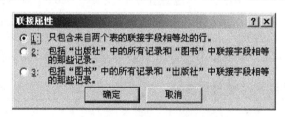

图 2-36　"联接属性"对话框

- 选择"1"选项，定义一个内部联接（默认选项），即只包含来自两个表的联接字段相等处的记录。
- 选择"2"选项，定义一个左外部联接，即包含左表中的所有记录和右表中联接字段相等的那些记录。
- 选择"3"选项，定义一个右外部联接，即包含右表中的所有记录和左表中联接字段相等的那些记录。

（5）单击"确定"按钮，关闭"联接属性"对话框，再单击"确定"按钮，关闭"编辑关系"对话框。

2.7.3 编辑和删除关系

两个表之间创建关系后，可以根据需要对这种关系进行编辑和修改。如不需要这种关系，还可以将它删除。

1．编辑已有关系

编辑已有关系，操作步骤如下。

（1）打开要编辑关系的数据库，单击"工具"菜单中的"关系"命令，或者单击工具栏上的"关系"按钮，打开"关系"窗口。

（2）在"关系"窗口中双击要编辑的关系线的中间部分。当出现"编辑关系"对话框时，对关系的选项进行重新设置，然后单击"确定"按钮。

（3）单击工具栏上的"保存"按钮，保存所做的修改。

2．删除已有关系

删除两个表之间的已有关系，操作步骤如下。

（1）打开要删除关系的数据库，单击"工具"菜单中的"关系"命令，或者单击工具栏上的"关系"按钮，打开"关系"窗口。

（2）在"关系"窗口中单击要删除的关系线的中间部分，然后按【Del】键，出现如图 2-37 所示的对话框。

图 2-37 确认"删除"对话框

（3）单击对话框中的"是"按钮，确认删除操作。

 **相关知识**

表 间 关 系

在数据库应用管理系统中，一个数据库中往往包含有多个表，如"成绩管理"数据库中包含有"学生"表、"教师"表、"课程"表和"成绩"表等。这些表之间不是独立的，它们之间是有关联的。表之间的关系可以分为一对一、一对多和多对多 3 种关系。

1．一对一关系

一对一关系是指两个数据表中选一个相同字段作为关键字段，其中一个表中的关系字段为主关键字段具有唯一值，另一个表中的关系字段为外键字段也具有唯一值。一般来说，出现这种关系的表不多，如果是一对一关系的两个表，可以合并成一个表，减少一层链接关系，但由于特殊需要，这样的表可以不合并。

2．一对多关系

一对多关系是指两个数据表中选一个相同字段作为关键字段，其中一个表中的关系字段为主关键字段具有唯一值，另一个表中的关系字段为外键字段具有重复值。一对多关系在关系数据库中是最普遍的关系。例如，在"成绩管理"数据库中，"学生"表与"成绩"表通过"学生 ID"字段可以建立一对多的关系；"课程"表与"成绩"表通过"课程 ID"字段可以建立一对多的关系。

3．多对多关系

多对多关系是指在两个数据表中选一个相同字段作为关键字段，一个表中的关系字段具有重复值，另一个表中的关系字段为外键字段也具有重复值。

例如，在学生和课程之间的关系中，一个学生学习多门课程，而每门课程也由多个学生来学习。通常在处理多对多的关系时，都把多对多的关系分成两个不同的一对多的关系，这时需要创建第三个表，即通过一个中介表来建立两者的对应关系。用户可以把两个表中的主关键字都放在这个中介表中。

📖 **课堂练习**

1．将"成绩管理"数据库中的"课程"表和"成绩"表通过"课程 ID"字段建立一对多关系。

2．将"教师"表中的"教师 ID"和"课程"表中的"授课教师 ID"字段建立一对多关系。

2.8 设置数据表格式

在"数据表"视图中，可以添加、编辑和删除数据，也可进行查找、替换、筛选和排序等操作。为了使这些操作赏心悦目，有时需对数据表格式进行设置。

2.8.1 设置数据表格式

设置数据表格式可以设置是否显示水平和垂直的网格，以及网格的颜色、边框、线条样式和单元格的效果。操作方法如下。

（1）在"数据表"视图中打开一个表。单击菜单"格式"→"数据表"命令，打开"设置数据表格式"对话框，如图 2-38 所示。

（2）设置表格的效果。

● 在"单元格效果"框中，可以设置"平面"、"凸起"或"凹陷"效果。

● 在"网格线显示方式"框中，可以设置是否显示水平和垂直方向的网格线。

● 在"背景色"下拉列表框中，可以选择新的背景颜色。

图 2-38　"设置数据表格式"对话框

- 在"网格线颜色"下拉列表框中，可以选择网格线的颜色。
- 在"边框和线条样式"框中，可以设置数据表的单元格效果。
- 在"示例"框中可以预览设置效果，满足需要时，单击"确定"按钮。

2.8.2　设置字体、字号和字符颜色

数据表中的默认字体为宋体，字号为小五号，字符颜色为黑色。可以根据自己的喜好来更改数据表中的文本字体、字号和字符颜色。

（1）在"数据表"视图中打开一个表。单击菜单"格式"→"字体"命令，打开"字体"对话框，如图 2-39 所示。

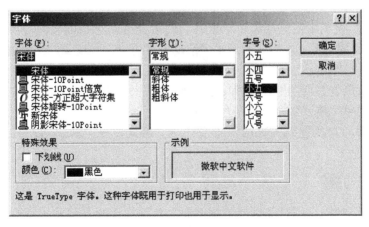

图 2-39　"字体"设置对话框

（2）可以根据自己的需要，在对话框中设置字体、字形和字号。

（3）在"特殊效果"框中可设置字符颜色及是否设置下画线。

字体设置除了在"格式"菜单中的"字体"对话框中设置外，还可以通过选择菜单

"视图"→"格式"命令，打开格式工具栏，在格式工具栏中进行设置。

2.8.3　调整行高和列宽

在数据表视图中，可以通过拖动鼠标来调整行高和列宽，也可以用菜单命令来调整行高和列宽。

拖动鼠标调整行高和列宽的操作方法如下。

（1）在"数据表"视图中打开一个表，用鼠标指向数据表左侧的两个行选择器之间。当鼠标变成✛形状时，上下拖动鼠标以调整行高，在拖动过程中数据表出现一条水平线，表示当前的行高，当高度合适时松开鼠标即可。

（2）调整列宽时，将鼠标指向数据表顶部的列选择器右边框，当鼠标变成✛形状时，左右拖动鼠标以调整列宽，当列宽满足需要时，释放鼠标即可。

（3）若要将列宽调整为正好适应数据的宽度，可以双击列标题右边缘。

2.8.4　列的其他操作

除了以上对列宽的设置外，还有其他对列的一系列操作，如列的移动、列的冻结与解冻和列的隐藏与显示。

1．列的移动

在"数据表"视图中，可以用拖动鼠标的方法来移动列。

（1）在"数据表"视图中打开表，选定要移动的列（字段）。

（2）再次单击所选定的列选择器并将它拖放到新的位置。

2．列的冻结与解冻

在"数据表"视图中浏览或编辑数据时，常常会遇到有些表包含的字段比较多，在窗口中只能显示记录的一部分内容，利用水平滚动条才可以看到记录的其他内容。在移动滚动条的过程中，可以锁定左边的一些列，使之总是可见的。

（1）在"数据表"视图中打开表，选定所需要冻结的列。

（2）单击菜单"格式"→"冻结列"命令。

（3）若要解除对所有列的冻结，单击菜单"格式"→"取消对所有列的冻结"命令即可。

3．列的隐藏与显示

在"数据表"视图中浏览和编辑数据时，默认情况下总是显示表的全部字段。若表中的字段较多，在编辑过程中常常需要左右滚动数据表。为了避免出现这种现象，可以根据需要，将表中的某些列隐藏起来，一旦需要，可再重新显示出来。

（1）在"数据表"视图中打开表，选定要隐藏的列。

（2）单击菜单"格式"→"隐藏列"命令，即可将选定的列隐藏起来。

（3）若要隐藏一些不连续的列，可单击菜单"格式"→"取消隐藏列"命令，打开

"取消隐藏列"对话框。若要隐藏某些列，在列的字段名前撤销复选框的选择，即可隐藏这些列。

（4）当要撤销隐藏列时，打开"取消隐藏列"对话框，选择各字段，即可取消隐藏列。

📖 **课堂练习**

1. 调整"学生"表的行高与某一列的列宽。
2. 设置"学生"表的字体及颜色。
3. 设置数据表单元格的"凸起"格式。
4. 分别移动和冻结"学生"表的一个列。
5. 隐藏"学生"表的一个列，然后再取消隐藏。

习题

一、填空题

1. 打开 Access 2003 的表可以使用_____视图方式和_____视图方式。

2. 当向表中添加一条新记录时，Access 会为字段指定一个唯一的顺序号（每次加 1）或随机数，该字段的类型是_____。

3. 在输入表中记录时，如果表中某一个字段值是由另一个表提供的，那么该字段应设置为_____数据类型。

4. Access 2003 提供筛选记录的方法有_____、_____和_____3 种。

5. Access 2003 表之间的关系可以分为_____、_____和_____3 种关系。

二、选择题

1. 在数据表设计视图中，不可以（　　　）。
   A．修改字段的类型　　　　　　　　B．修改字段的名称
   C．删除一个字段　　　　　　　　　D．删除一条记录

2. OLE 对象数据类型字段所嵌入的数据对象的数据存放在（　　　）。
   A．数据库中　　　　　　　　　　　B．外部文件中
   C．最初的文档中　　　　　　　　　D．以上都是

3. 通过设置字段的（　　　），在向表中输入数据时，系统会自动检查输入的数据是否符合要求，这样可以防止非法数据的输入或限定输入数据的范围。
   A．格式　　　　B．有效性规则　　　　C．默认值　　　　D．掩码

4. 字段属性中，"有效性文本"属性的作用是（　　　）。
   A．在保存数据前，验证用户的输入

    B．在数据无效而被拒绝写入时，向用户提示信息

    C．允许字段保持空值

    D．为所有的新记录提供新值

5．将表中的字段定义为（　　　　），其作用可使字段中的每一个记录都必须是唯一的，以便于索引。

    A．索引   B．主键   C．必填字段   D．有效性规则

6．定义字段的默认值是指（　　　　）。

    A．不得使字段为空

    B．不允许字段的值超出某个范围

    C．在未输入数值之前，系统自动提供数值

    D．系统自动把小写字母转换为大写字母

7．（　　　　）OLE 对象后，如果修改该对象数据，则不会影响原始对象的内容，反之亦然。

    A．链接   B．超级链接   C．嵌入   D．嵌套

8．以下关于主关键字的说法，错误的是（　　　　）。

    A．使用自动编号是创建主关键字最简单的方法

    B．作为主关键字的字段中允许出现 Null 值

    C．作为主关键字的字段中不允许出现重复值

    D．不能确定任何单字段的值的唯一性时，可以将两个或更多的字段组合成为主关键字

9．要在数据库窗口中打开"关系"窗口，需要单击工具栏中的（　　　　）按钮。

    A.   B.   C.   D.

10．如果 A 表中的一个记录能与 B 表中的许多记录匹配，但 B 表中的一个记录仅能与 A 表中的一个记录匹配，则 A 表与 B 表之间的关系为（　　　　）。

    A．一对一   B．一对多   C．多对一   D．多对多

11．如果 A 表与 B 表具有多对多关系，只能通过定义第三个表来达成，使第三个表分别与 A 表和 B 表建立两个（　　　　）关系。

    A．一对一   B．一对多   C．多对一   D．多对多

12．如果在 A 表中的每一条记录仅能在 B 表中有一条匹配的记录，并且在 B 表中的每一条记录仅能在 A 表中有一条匹配记录，则 A 表与 B 表之间的关系为（　　　　）关系。

    A．一对一   B．一对多   C．多对一   D．多对多

13．假设数据库中表 A 与表 B 建立了"一对多"关系，表 B 为"多"方，则下述说法正确的是（　　　　）。

    A．表 A 中的一个记录能与表 B 中的多个记录匹配

    B．表 B 中的一个记录能与表 A 中的多个记录匹配

    C．表 A 中的一个字段能与表 B 中的多个字段匹配

    D．表 B 中的一个字段能与表 A 中的多个字段匹配

14．在"数据表"视图中，如果要按某字段升序排列记录，应单击该排序字段，然后单击工具栏中的（　　　　）按钮。

    A.   B.   C.   D.

15．筛选的结果是滤除（　　　）。

    A．不满足条件的记录　　　　　　　　B．满足条件的记录

    C．不满足条件的字段　　　　　　　　D．满足条件的字段

16．在已经建立的"工资"数据库中，要从表中找出"实发工资>3 000"的记录，可用（　　　）的方法。

    A．查询　　　　　B．筛选　　　　　C．隐藏　　　　　D．冻结

17．按窗体筛选记录，如果有多个筛选条件，这多个条件（　　　）。

    A．只能建立"与"关系　　　　　　　　B．只能建立"或"关系

    C．可以建立"与"、"或"关系　　　　D．"与"、"或"关系不能同时建立

18．查询学生成绩时如果希望在滚动条移动时将姓名保留，应该选用（　　　）操作。

    A．隐藏列　　　　B．设置主键　　　　C．冻结列　　　　D．设置索引

19．以下关于修改表之间关系的操作，叙述错误的是（　　　）。

    A．修改表之间的关系的操作主要是更改关联字段、删除表之间的关系和创建新关系

    B．删除关系的操作是在"关系"窗口中进行的

    C．删除表之间的关系，只要双击关系连线即可

    D．删除表之间的关系，只要单击关系连线，使之变粗，然后按一下删除键即可

20．在已经建立的"工资"数据库中，要在表中不显示某些字段，可用（　　　）的方法。

    A．排序　　　　　B．筛选　　　　　C．隐藏　　　　　D．冻结

上机操作

一、操作要求

1．修改数据库表结构。

2．设置字段属性。

3．筛选记录和排序记录。

4．设置主键。

5．定义表间关系。

二、操作内容

1．将"图书"表中的"图书 ID"字段设置为主关键字段。

2．设置"出版社"表的"出版社 ID"字段为主关键字段。

3．在"图书"表中，将"定价"字段值设定在 0～10 000 以内，当超出这个范围时，给出提示信息。

4．对"图书"表中的"书名"字段按升序建立索引。

5．使用"输入掩码向导"，给"图书"表中的"出版日期"字段设置掩码，格式为"长日期（中文）"格式。

6．设置有效性规则，在"订单"表的"册数"字段中，册数不能为负数。

7．将"订单"表的"单位"字段设置为查阅字段，由"单位"表的"单位名称"字段提供数值列表。

8．对"图书"表的"书名"字段按升序重新排列记录。

9．对"订单"表中的"图书 ID"字段升序、"订购日期"字段降序排列记录。

10．在"订单"表中筛选"黄海电子学校"的订购图书情况。

11．在"图书"表中筛选"2008 年 1 月 1 日"以后出版的图书信息。

12．在"订单"表中筛选图书 ID 是"12080"且单位是"育才中学"的全部订购图书信息。

13．将"图书管理"数据库中的"图书"表和"订单"表通过"图书 ID"字段建立一对多关系。

14．在"图书管理"数据库中，建立"出版社"和"图书"表之间的一对多关系。

15．设置"订单"表的字体及颜色。

第3章 数据查询

学习目标

✧ 能使用向导创建查询
✧ 能使用设计视图创建查询
✧ 会设置查询条件
✧ 能在查询中设置计算字段
✧ 会使用聚合函数
✧ 能创建参数查询
✧ 能创建操作查询

　　Access 查询是在数据库中按照指定的查询条件检索数据的。Access 建立的查询是一个动态的数据记录集，每次运行查询时，系统会自动在指定的表中检索记录，创建数据记录集，使查询中的数据能够与数据表中的数据保持同步。表面上看查询和数据表没有什么区别，但它不是一个表。用户可以修改查询结果，所做的修改会回存到对应的数据表中。

　　在 Access 2003 中可以创建选择查询、参数查询、交叉表查询、操作查询和 SQL 查询 5 种类型的查询。

3.1 创建选择查询

　　选择查询是最常见的查询类型，它从一个或多个表中检索数据，并且在可以更新记录（有一些限制条件）的数据表中显示结果。也可以使用选择查询来对记录进行分组，并且对记录做总计、计数、平均值，以及其他类型的总和计算。

　　选择查询可以使用"向导"或"设计视图"来创建，创建之后，可以在"数据表"视图中浏览查询时所生成的结果，也可以在 SQL 视图中查看 Access 自动生成的 SQL 语句。

3.1.1 使用向导创建简单查询

　　用"简单查询向导"来创建选择查询时，不仅能够为新建查询选择来源表和包含在结果集内的字段，还能够对结果集内的记录进行总计、求平均值、最大值和最小值等各种汇总计算。

例1 使用"简单查询向导"创建一个基于"学生"表的学生信息查询。

分析： 第 2 章学过的筛选记录显示的是满足条件记录的全部字段，而查询可以检索表中全部或部分字段信息。

步骤

（1）打开"成绩管理"数据库，在数据库窗口中选择"查询"对象，双击"使用向导创建查询"，在"新建查询"对话框中选择"简单查询向导"，打开"简单查询向导"对话框，如图 3-1 所示。

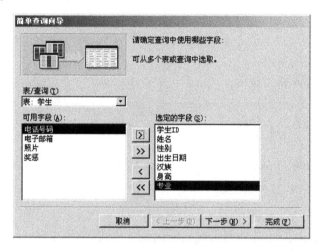

图 3-1   "简单查询向导"对话框

（2）在"表/查询"下拉列表框中选择"表：学生"，在"可用字段"列表中选择要显示的字段，如选择"学生 ID"、"姓名"、"性别"、"出生日期"、"汉族"、"身高"和"专业"7 个字段，将这些字段选入到"选定的字段"列表。

（3）单击"下一步"按钮，在出现的对话框中选择"明细"选项，如图 3-2 所示。

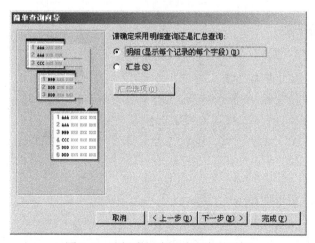

图 3-2   选择明细或汇总查询对话框

（4）单击“下一步”按钮，出现“指定查询标题”对话框，如将标题指定为“学生信息查询”，然后单击“完成”按钮。

通过以上操作，就创建了名为“学生信息查询”的查询。该查询在“数据表”视图中打开的结果如图 3-3 所示。

学生ID	姓名	性别	出生日期	汉族	身高	专业
20070101	张晓蕾	女	1991-11-2	☑	1.62	网络技术
20070102	王海洋	男	1991-7-15	☑	1.73	网络技术
20070105	赵万淑	女	1991-8-17	☐	1.55	网络技术
20070210	孙大鹏	男	1991-1-10	☑	1.78	信息服务
20070212	张同军	男	1990-9-7	☑	1.67	信息服务
20080101	陈晓菡	女	1992-7-12	☑	1.61	网络技术
20080103	谭永强	男	1992-12-3	☑	1.71	网络技术
20080201	张柄哲	男	1991-12-20	☐	1.68	动漫设计

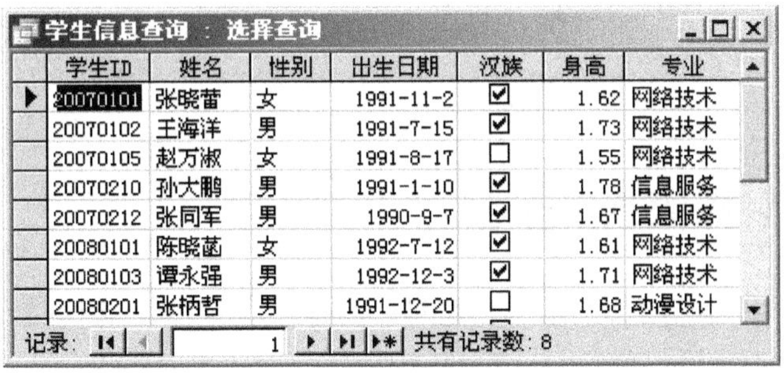

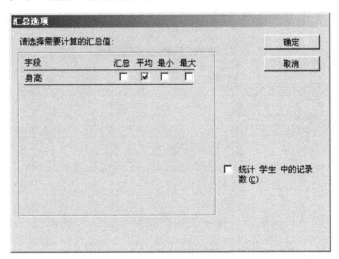

图 3-3 查询结果

例 2 使用“简单查询向导”创建查询，统计各专业学生的平均身高。

分析：使用“简单查询向导”还可以创建分组汇总查询，对一组或全部记录进行总计、计数、计算平均值，以及在统计字段中的最小值、最大值等。

步骤

（1）使用向导创建查询，打开如图 3-1 所示的“简单查询向导”对话框，选择“表：学生”表中的“专业”和“身高”字段。

（2）单击“下一步”按钮，在出现的如图 3-2 所示的对话框中选择“汇总”，并单击“汇总选项”按钮，在出现的如图 3-4 所示的“汇总选项”对话框中选择“身高”字段的“平均”复选框，单击“确定”按钮返回。

图 3-4 “汇总选项”对话框

（3）单击“下一步”按钮，出现指定查询标题对话框，指定查询标题为“各专业学生平均身高查询”，单击“完成”按钮，打开新建的查询，如图 3-5 所示。

图 3-5　"汇总"查询结果

3.1.2　使用设计视图创建查询

使用查询向导可以快速地创建一个查询，但是能实现的功能比较单一，不能完全满足我们的要求。所用的字段只能直接从数据源中选择，对于复杂的查询只有在"设计"视图中才能实现。

例 3　使用"设计"视图创建查询，查询"网络技术"专业学生的信息，包含"学生ID"、"姓名"、"性别"、"汉族"、"身高"和"专业"字段信息。

分析：使用"设计"视图创建查询，首先要将"学生"表中"学生 ID"、"姓名"、"性别"、"汉族"、"身高"和"专业"字段拖到设计视图中，再在"专业"字段的"条件"单元格中输入条件"网络技术"。

步骤

（1）新建查询，在"新建查询"对话框中选择"设计视图"选项，单击"确定"按钮，打开查询设计视图窗口及"显示表"对话框，如图 3-6 所示。

图 3-6　"设计视图"窗口与"显示表"对话框

（2）在"显示表"对话框中选择查询所需要的表和已有的查询，将其添加到设计视图窗口中。例如，选择"学生"添加到查询设计视图中，如图 3-7 所示。

提示

如果要打开"显示表"对话框，在设计视图方式下单击"查询"→"显示表"命令，或者直接单击工具栏中的"显示表"按钮即可。

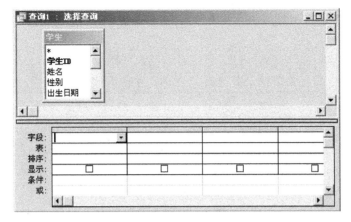

图 3-7　添加表后的设计视图

（3）设置在查询中使用的字段。在"学生"表字段列表中，将"学生 ID"字段拖放到查询设计网格的第 1 个"字段"单元格中，同时在"表"一行中显示对应表的表名。用同样的方法，再将"姓名"、"性别"、"汉族"、"身高"和"专业"字段，依次拖放到查询设计网格中，如图 3-8 所示。

图 3-8　设置查询字段后的设计网格

 提示

输入查询字段时，可以单击"字段"单元格，从下拉列表中选择需要的字段。如果要选择表的全部字段，只要将字段列表中的"*"号拖放到"字段"单元格中即可。使用"*"号添加所有字段时，其缺点是不能对具体的字段进行排序和筛选条件等设置。

（4）在"排序"单元格中设置排序字段。在查询结果中，以设定的排序输出查询结果。例如，设置"性别"字段为"升序"排序方式。

（5）在"显示"单元格中，复选标记表示在查询中是否显示这个字段。

（6）在"专业"字段列的"条件"单元格中输入"网络技术"，如图 3-9 所示。

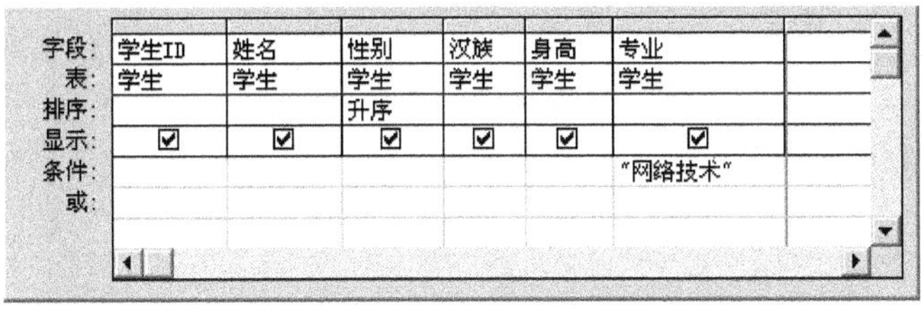

图 3-9　设置查询条件

（7）保存所创建的查询，系统会出现对话框询问查询名称，如查询名称为"学生信息查询1"。

（8）打开创建的"学生信息查询 1"，查询结果如图 3-10 所示。从查询结果中可以看到网络技术专业学生的有关信息，并已按"性别"字段升序排序。

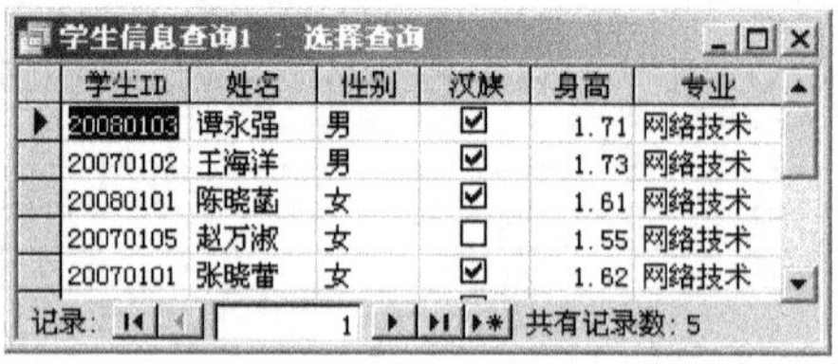

图 3-10　查询结果

3.1.3　多表查询

在实际应用中，常常会遇到要查询的数据不只存在一个表中，而是储存在多个表中，这时就需要将多个表中的数据查询合并在一起，这也正是查询设计视图的优点所在。

例 4　创建一个学生成绩查询，查询中包含"学生 ID"、"姓名"、"专业"、"课程 ID"、"课程名"和"成绩"等字段。

分析：因为"学生 ID"、"姓名"、"专业"、"课程 ID"、"课程名"和"成绩"等字段涉及"学生"表、"课程"表和"成绩"表，所以必须进行多表查询。创建多表查询时，需先建立各表之间的关联。

步骤

（1）在"新建查询"对话框中选择"设计视图"，打开"查询设计"视图和"显示表"对话框，如图 3-6 所示。

（2）分别将"学生"表、"课程"表和"成绩"表添加到查询设计视图中，然后关闭"显示表"对话框。

（3）在查询设计视图中，将"学生"表中的"学生 ID"、"姓名"、"专业"字段拖放到字段网格的前 3 列，将"课程"表中的"课程 ID"、"课程名"字段拖放到第 4、5 列，再将"成绩"表中的"成绩"字段拖放到第 6 列，如图 3-11 所示。

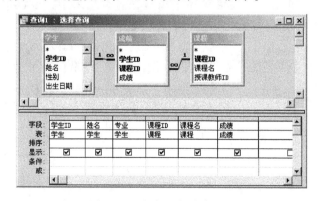

图 3-11　多表查询设计视图

（4）单击工具栏上的"保存"按钮，在"另存为"对话框中输入"成绩查询"，单击"确定"按钮。

（5）单击工具栏上的"视图"按钮，打开"数据表"视图，所显示的多表查询结果如图 3-12 所示。

学生ID	姓名	专业	课程ID	课程名	成绩
20070101	张晓蕾	网络技术	J002	语文	85
20070101	张晓蕾	网络技术	Z003	网站建设与开发	82
20070101	张晓蕾	网络技术	Z005	网页制作	90
20070102	王海洋	网络技术	J002	语文	90
20070102	王海洋	网络技术	Z003	网站建设与开发	85
20070102	王海洋	网络技术	Z005	网页制作	84
20070105	赵万淑	网络技术	J002	语文	78
20070105	赵万淑	网络技术	Z003	网站建设与开发	76
20070105	赵万淑	网络技术	Z005	网页制作	76
20070210	孙大鹏	信息服务	Z002	网络基础	88

记录：I◀ ◀　　　1　▶ ▶I ▶*　共有记录数：16

图 3-12　多表查询结果

不论使用查询向导创建的查询，还是使用查询设计视图创建的查询，如果对查询的结果不满意，都可以重新建立查询，也可以对查询进行修改，包括重置查询字段、改变字段的排序、设置查询条件等，修改查询必须在查询设计视图中进行。

在查询设计视图中修改查询字段，主要是添加字段或删除字段，同时还可以改变字段的排列顺序等。在添加字段时，除了逐个添加字段外，还可以一次将表或查询中的所有字段添加到查询设计网格中。如果要删除某个字段，在查询设计网格中选择要删除的字段，然后单击【Del】键或"编辑"菜单中的"删除"命令，即可将所选的字段删除。在设计网格中如果中间有空白列，查询结果中空白列不显示。

在设计查询时，字段的排列顺序就是将来在查询中显示的顺序，它会影响到数据记录的排序和分组。改变字段之间的排列顺序除了通过删除、添加字段的方法外，还可以通过拖动字段的方法来实现。在移动字段时，先通过字段选择器选定要移动的字段，然后按住鼠标左键将其拖动到新的位置上，这时可以看到字段的排列顺序发生了变化。

 相关知识

查询设计工具栏及设计网格的使用

在建立或打开查询设计视图时，会自动打开"查询设计"工具栏，该工具栏中包括视图、查询类型、运行、显示表、总计、上限值、属性和生成器等按钮，如表 3-1 所示列出了部分工具按钮及其含义。

表 3-1　"查询设计"工具栏部分按钮及其含义

工具按钮名称	含　义
视图 ▦ ▾	切换不同的视图模式，有设计视图、数据表视图、SQL 视图、数据透视表视图和数据透视图视图
查询类型 ▦ ▾	选择不同的查询类型，有选择查询、交叉表查询、生成表查询、更新查询、追加查询和删除查询
运行 ❗	运行查询

续表

工具按钮名称	含　义
显示表	打开"显示表"对话框
总计 Σ	在查询设计网格中对数字型或货币型字段求和、计算均值等
上限值 All	设置显示的记录数，默认为 ALL
属性	打开"查询属性"对话框
生成器	启动相应的"表达式生成器"对话框

如表 3-2 所示列出了查询设计网格中的各选项及其含义。

表 3-2　查询设计网格中各选项及其含义

选 项 名 称	含　义
字段	设置要查询的字段
表	查询字段所在的表名，由系统自己指定
总计	设置字段的汇总方式
排序	设置字段的排序方式，有升序、降序和不排序 3 种选项
显示	设置该字段是否在查询中显示
条件	设置该字段的筛选条件
或	设置"或"条件

📖 **课堂练习**

1. 使用"简单查询向导"创建一个基于"学生"表的信息查询。

2. 使用设计视图创建一个选择查询，查询中包含"学生 ID"、"姓名"、"专业"、"课程 ID"、"课程名"字段。

3. 修改上题创建的查询，查询中包含"学生 ID"、"姓名"、"专业"、"课程 ID"、"课程名"、"授课教师"和"成绩"字段。

4. 修改上题，检索"网页制作"课程的考试成绩。

5. 修改上题，分别按"专业"字段升序、"成绩"字段降序排序。

3.2　创建条件查询

创建查询时，可以通过在查询设计视图中的"条件"单元格中输入条件表达式来限制结果中的记录。正确地构建条件表达式，是创建条件查询必须解决的最基本的问题。

3.2.1　比较运算符的使用

比较运算符用于比较两个表达式的值，比较的结果为 True、False 或 Null。若条件表达式中仅包含一个比较运算符，则查询仅返回那些比较结果为 True 的记录，而将比较结果为 False 或 Null 的记录排除在查询结果之外。

常用的比较运算符有"="（等于）、">"（大于）、"<"（小于）、">="（大于等于）、

"<="（小于等于）和"<>"（不等于）6 种。

例 5 在例 4 创建的查询中，查询成绩小于 60 的学生及其课程。

分析：这是一个条件查询，数据源为查询，设置查询时在"查询设计"视图"成绩"的"条件"单元格中输入条件<60。

步骤

（1）新建查询，打开查询设计视图，在查询设计视图中添加"成绩查询"查询。

（2）分别将"成绩查询"的全部字段依次拖放到查询设计网格中。

（3）在"专业"列的条件单元格中输入"<60"，如图 3-13 所示。

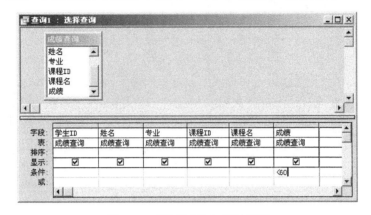

图 3-13 "选择查询"设计视图

（4）单击工具栏上的"视图"按钮，切换到数据表视图，视图中所显示的记录为满足条件的记录，如图 3-14 所示。

学生ID	姓名	专业	课程ID	课程名	成绩
20080103	谭永强	网络技术	J006	英语	50
20080201	张柄哲	动漫设计	J003	初等数学	55

记录：共有记录数：2

图 3-14 条件查询结果

3.2.2 Between 操作符的使用

Between 操作符用于测试一个值是否位于指定的范围内，在"条件"单元格中使用 Between 操作符时，应按照下面格式来输入：

[<测试表达式>] Between <起始值> And <终止值>

在某个字段的"条件"单元格内输入条件表达式时，对于"条件"常量，输入时数字不用定界符，字符串型常量用引号作为定界符，日期型常量用"#"作为定界符。

例 6 在"学生"表中查询 1992 年出生的学生信息。

分析：该查询条件可以使用 Between 在"出生日期"字段的"条件"单元格中输入测试

表达式"Between #1992-1-1# And #1992-12-31#"。

步骤

（1）新建查询，打开查询设计视图，在查询设计视图中添加"学生"表。

（2）将"学生 ID"、"姓名"、"性别"、"出生日期"和"专业"依次拖放到查询设计网格中。

（3）在"出生日期"列的"条件"单元格内输入"Between #1992-1-1# And #1992-12-31#"，如图 3-15 所示。

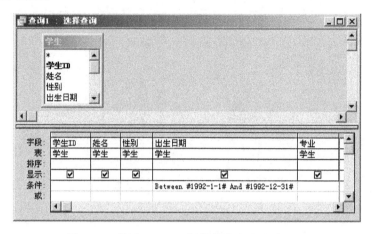

图 3-15　使用 Between 操作符的查询设计视图

（4）单击工具栏上的"运行"按钮 ，运行结果显示的记录为满足条件的记录，如图 3-16 所示。

图 3-16　使用 Between 条件筛选结果

上述条件"Between #1992-1-1# And #1992-12-31#"也可改写为"＞= #1992-1-1# And ＜= #1992-12-31#"。

3.2.3　In 操作符的使用

In 操作符用于测试字段值是否在一个项目列表中，In 操作符的语法格式如下：

<测试表达式> In (表达式列表)

例如，In ("网络技术","信息服务","动漫设计")，其含义是找出专业分别是"网络技术"、"信息服务"和"动漫设计"的记录。所以，它与下列条件表达式含义相同："网络技术" or "信息服务" or "动漫设计"。

　　在某个字段的"条件"单元格中输入条件表达式时，这些表达式必须与测试表达式的数据类型相同，列表中各个表达式之间用逗号分隔。如果测试表达式等于表达式列表中任意一表达式的值，则相应的记录将包含在查询结果中。若在 In 运算符前面加上 Not，则对 In 的运算结果取反。

　　例 7　创建一个查询，在"学生"表中检索学生为王、张或谭姓的记录。

　　分析：在条件表达式中使用 In 操作符，表达式列表的个数一般是有限的，In 表达式为 "Left([姓名],1) In ("王","张","谭")"。

步骤

　　（1）新建查询，打开查询设计视图，在查询设计视图中添加"学生"表。

　　（2）将"学生"表中的"学生 ID"、"姓名"、"性别"、"出生日期"和"专业"字段依次拖到设计网格中。

　　（3）在查询设计网格中，单击"姓名"字段的"条件"单元格，然后输入条件表达式 "Left ([姓名],1) In ("王","张","谭")"，其中 Left 是一个文本函数，用于从字符串左边取出若干个字符作为子串，如图 3-17 所示。

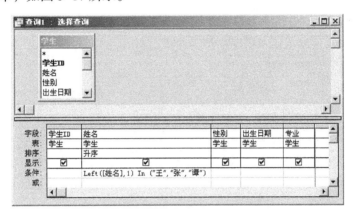

图 3-17　条件中使用 In 操作符

　　（4）单击工具栏上的"运行"按钮，查询结果如图 3-18 所示。

学生ID	姓名	性别	出生日期	专业
20070101	张晓蕾	女	1991-11-2	网络技术
20070102	王海洋	男	1991-7-15	网络技术
20070212	张同军	男	1990-9-7	信息服务
20080103	谭永强	男	1992-12-3	网络技术
20080201	张柄哲	男	1991-12-20	动漫设计

记录：|◄| ◄| 　　　　　1 |►| ►|| ►*| 共有记录数：5

图 3-18　使用 In 运算符查询结果

3.2.4　Like 操作符和通配符的使用

Like 操作符用于测试一个字符串是否与给定的模式相匹配，模式是由普通字符和通配符组成的一种特殊字符串。在查询中使用 Like 操作符和通配符，可以搜索部分匹配或完全匹配的内容。使用 Like 运算符的语法规则如下：

[<测试表达式>] Like <模式>

在上面的语法格式中，"<模式>"由普通字符和通配符"*"、"?"等组成，通配符用于表示任意的字符串，主要适用于文本类型。

例 8 **使用 Like 操作符，创建一个检索作者为王、张或谭姓的查询。**

分析：在例 7 中使用了 In 操作符，除此之外，还可以使用 Like 操作符，如 Like "[王张谭]*"。

 **步骤**

（1）新建查询，打开查询设计视图，在查询设计视图中添加"学生"表。

（2）将"学生"表中的"学生 ID"、"姓名"、"性别"、"出生日期"和"专业"字段依次拖到设计网格中。

（3）在"姓名"字段的"条件"单元格中输入"Like "[王张谭]*""，其中[]表示方括号内的任意一个字符，如图 3-19 所示。

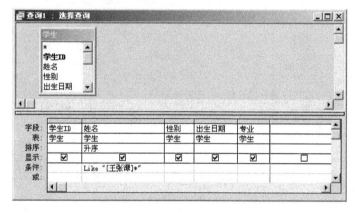

图 3-19   条件中使用 Like 操作符

（4）单击工具栏上的"运行"按钮，同样可以得到如图 3-18 所示的查询结果。

相关知识

Access 中运算符的使用

表达式是许多 Access 运算的基本组成部分。表达式是可以生成结果的符号的组合，这些符号包括标识符、运算符和值。其中运算符是一个标记或符号，指定表达式内执行的计算的类型，有数学、比较、逻辑和引用运算符等。Access 提供了多种类型的运算符和操作符用来创建表达式。

1. 算术运算符

执行加、减、乘、除运算，如表 3-3 所示。

表 3-3　算术运算符及其含义

运　算　符	含　　义
+	两个操作数相加
−	两个操作数相减
*	两个操作数相乘
/	两个操作数相除
\	两个操作数相除并返回一个整数
Mod	两个操作数相除并只返回一个余数
^	指数运算

2．比较运算符

用于数值的比较，如表 3-4 所示。

表 3-4　比较运算符及其含义

运　算　符	含　　义
<	小于
<=	小于等于
>	大于
>=	大于等于
=	等于
<>	不等于

3．逻辑运算符

处理的值只有两种，即 true（真）或 false（假），如表 3-5 所示。

表 3-5　逻辑运算符及其含义

运　算　符	含　义	解　　释
And	逻辑与	当两个条件都满足时，值为"真"
Or	逻辑或	满足两个条件之一时，值为"真"
Not	逻辑非	对一个逻辑量做"否"运算
Xor	逻辑异或	对两个逻辑式做比较，值不同时为"真"

4．连接运算符

连接运算符（&）可以将两个文本值合并为一个单独的字符串。例如，表达式"=IIf(IsNull([地区]),[城市]&" "& [邮政编码], [城市]&" "&[地区]&" " &[邮政编码])"的含义是如果"地区"字段值为 Null，则显示"城市"和"邮政编码"字段的值，否则显示"城市"、"地区"和"邮政编码"字段的值。

5．！和．（点）运算符

在标识符中使用 ！和 ．（点）运算符可以指示随后将出现的项目类型。

- ! 运算符：指出随后出现的是用户定义项（集合中的一个元素）。使用 ! 运算符可以引用一个打开着的窗体、报表或打开着的窗体、报表上的控件。例如，"Forms![订单]"表示引用打开着的"订单"窗体。
- .（点）运算符：通常指出随后出现的是 Access 定义的项。使用 .（点）运算符可以引用窗体、报表或控件的属性。另外，还可以使用 .（点）运算符引用 SQL 语句中的字段值、VBA 方法或某个集合。例如，"Reports![订单]![单位].Visible"表示"订单"报表上"单位"控件的 Visible 属性。

6. 其他操作符

使用 Between、Is、Like 操作符可以简化查询表达式的创建，如表 3-6 所示。

表 3-6　特殊操作符及其含义

操 作 符	含 义	示 例
Between	用于测试一个数字值或日期值是否位于指定的范围内	Between #2008-01-01# And #2008-12-31#
Is	将一个字段与一个常量或字段值相比较，相同时为"真"	Is Null
Like	比较两个字符串是否相等	Like "S*"

在 Access 中，Like 通常与通配符 "*"、"?" 等一起使用，可以使用通配符作为其他字符的占位符。以下情况可以使用通配符：

- 仅知道要查找的部分内容；
- 要查找以指定字母打头或符合某种模式的内容。

通配符必须与带"文本"数据类型的字段一起使用。如表 3-7 所示列出了通配符的使用方法。

表 3-7　通配符使用方法

通 配 符	含 义	示 例
*	与任何个数的字符匹配。在字符串中，它可以当做第一个或最后一个字符使用	使用 wh* 可以找到 what、when、where 和 why
?	表示任意一个字符	使用 b?ll 可以找到 ball、bell 和 bill
[ ]	表示方括号内的任意一个字符	使用 b[ae]ll 可以找到 ball 和 bell，找不到 bill
[!]	表示不在方括号内的任意一个字符	使用 b[!ae]ll 可以找到 bill 和 bull，但找不到 ball 和 bell
[-]	表示指定范围内的任意一个字母（必须以升序排列字母范围）	使用 b[a-c]可以找到 bad、bbd 和 bcd
#	表示任意一个数字字符	使用 1#3 可以找到 103、113 和 123 等

必须将左、右方括号放在下一层方括号（[[ ]]），才能同时搜索一对左、右方括号（[ ]）。否则，Access 会将这种组合作为一个空字符串处理。

📖 课堂练习

1. 在"学生"表中检索全部男生记录。
2. 在"学生"表中检索学生"孙"姓或"李"姓的有关信息。

3. 创建一个查询，检索"网页制作"课程成绩在 80 分以上的学生信息。

3.3 查询中计算字段与函数的使用

3.3.1 计算字段的使用

计算字段是在查询中定义的字段，既可以新建用于显示表达式定义的计算结果的字段，也可以新建控制字段值的字段，它是一个虚拟的字段。创建计算字段的方法是将表达式输入到查询设计网格中的空字段单元格中，所创建的计算字段可以是数字、文本和日期等多种数据类型的表达式，表达式可以由多个字段组成，也可以指定计算字段的查询条件等。

例 9 创建一个查询，在 Northwind 数据库的"产品"表中计算每一种产品折扣价，假设折扣价为 8 折。

分析："产品"表中不含有"折扣价"字段，需要创建计算字段，计算字段表达式以"="开头，即折扣价为"=[单价]*0.8"。

🐬 **步骤**

（1）打开 Northwind 数据库，使用查询设计视图创建一个查询，分别将"产品"表中的字段拖放到查询设计网格"字段"单元格中。

（2）单击查询设计网格右侧第一个空白列的"字段"单元格，在该单元格内输入表达式"=[单价]*0.8"（系统自动将它变为"表达式 1: [单价]*0.8"），表达式中的字段名必须用方括号"[ ]"引起来，如图 3-20 所示。

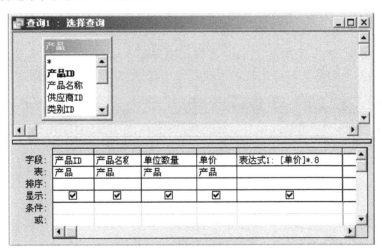

图 3-20 添加的计算字段

（3）在输入表达式后，Access 在表达式前自动提供一个默认的计算字段名"表达式 1"，这时可以将"表达式 1"修改为"折扣价"（在输入表达式时，也可以直接输入"折扣价: [单价]*0.8"）。

（4）单击“运行”按钮，查询结果如图 3-21 所示。

查询1 : 选择查询

产品ID	产品名称	单位数量	单价	折扣价
1	苹果汁	每箱24瓶	￥18.00	14.4
2	牛奶	每箱24瓶	￥19.00	15.2
3	蕃茄酱	每箱12瓶	￥10.00	8
4	盐	每箱12瓶	￥22.00	17.6
5	麻油	每箱12瓶	￥21.35	17.08
6	酱油	每箱12瓶	￥25.00	20
7	海鲜粉	每箱30盒	￥30.00	24
8	胡椒粉	每箱30盒	￥40.00	32
9	鸡	每袋500克	￥97.00	77.6
10	蟹	每袋500克	￥31.00	24.8

记录: 1 共有记录数: 77

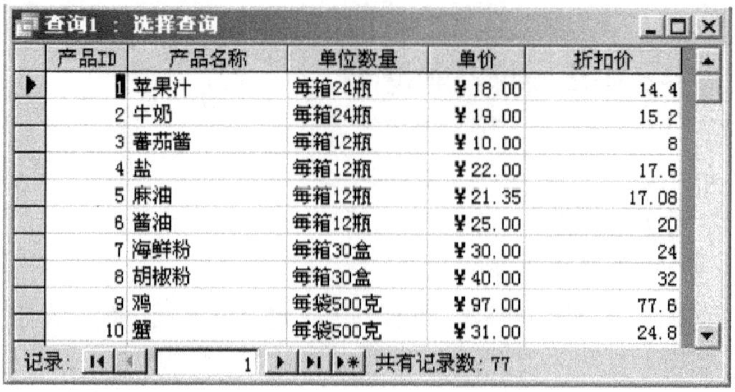

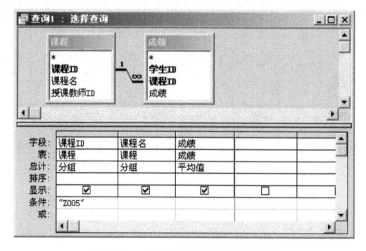

图 3-21 含计算字段的查询

在查询结果中不能修改计算字段显示的值，但当计算字段中引用的任意字段值发生变化时，计算字段的值也将随之发生变化。

3.3.2 函数的使用

例 10 创建一个查询，统计“课程 ID”为“Z005”的课程的平均成绩。

分析：计算平均成绩可以使用内部函数 Avg（平均值）。

步骤

（1）使用查询设计视图创建一个查询，将“课程”表中的“课程 ID”和“课程名”字段，以及“成绩”表中的“成绩”字段依次拖放到设计网格的“字段”单元格中。

（2）单击工具栏上的“总计”按钮Σ，在设计网格中自动添加一个“总计”行，同时将各字段的“总计”单元格设置为“分组”。

（3）在“课程 ID”字段的“条件”单元格中输入“Z005”，再单击“成绩”字段的“总计”单元格的下拉箭头，在出现的下拉列表中选择“平均值”，如图 3-22 所示。

图 3-22 使用聚合函数计算平均值

（4）运行该查询，结果如图 3-23 所示，以"平均成绩"保存该查询。

图 3-23 平均值总查询结果

在设置查询时，可以按照多个字段进行分组，它类似于按照多个字段进行排序的方式。首先按照左边第一个字段分组，当记录处于同一组时，再按下一个字段分组，以此类推。

提示

在创建统计计算功能的查询时，Access 将字段名和函数名合并在一起来命名查询中的字段名。例如，在图 3-22 的查询中，字段名为"成绩之平均值"。

 相关知识

Access 中聚合函数的使用

聚合函数可用于计算总计，如 Sum、Count、Avg 和 Max 等。在编写表达式和编程时，可以使用聚合函数来确定各种统计信息。在创建计算查询中，会经常用到系统提供的聚合函数。如表 3-8 所示列出了 Access 提供的常用聚合函数。

表 3-8 常用的聚合函数及功能

聚 合 函 数 名 称	功 能
总计（Sum）	计算字段中所有记录的总和
平均值（Avg）	计算字段中所有记录的平均值
最小值（Min）	取字段的最小值
最大值（Max）	取字段的最大值
计数（Count）	统计字段中非空值的记录数
标准差（StDev）	计算记录字段的标准差
方差（Var）	计算记录字段的方差
第 1 条记录（First）	取表中第一条记录的该字段值
最后 1 条记录（Last）	取表中最后一条记录的该字段值

课堂练习

1. 创建一个查询，列出 Northwind 数据库中类别为"饮料"的每种产品的库存量和增加 10 后的库存量。

2. 创建一个查询，统计每个专业学生的平均身高。

3. 创建一个分组查询，统计每门课程的平均成绩，如图 3-24 所示。

课程ID	课程名	成绩之平均值
J002	语文	84.3333333333
J003	初等数学	55
J006	英语	60
Z002	网络基础	76.5
Z003	网站建设与开发	81
Z005	网页制作	85.4

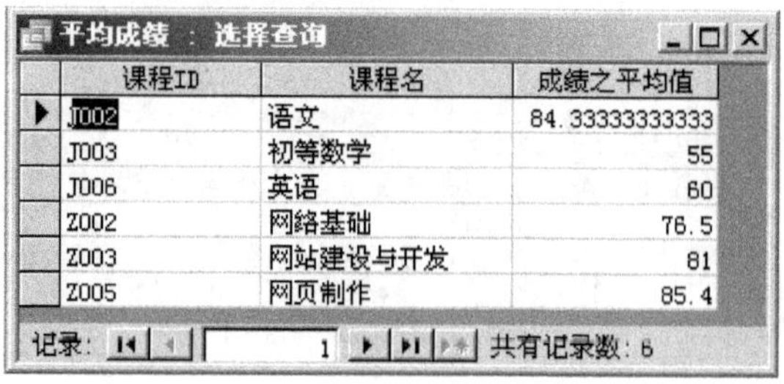

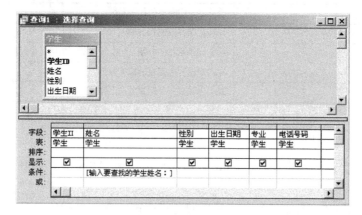

图 3-24 各门课程的平均成绩

3.4 创建参数查询

参数查询可在执行时显示对话框以提示用户输入信息，可以设计它来提示输入两个日期，然后让 Access 检索在这两个日期之间的所有记录。

3.4.1 创建一个参数的查询

例 11 创建一个查询，每次运行该查询时，通过对话框提示输入要查找的学生姓名，检索该学生的有关信息。

分析：该查询是一个参数查询，设置学生姓名为参数，每次运行时可以查询不同的姓名，以查询不同的学生。

步骤

（1）新建查询，打开查询设计视图，在“显示表”对话框中将“学生”表添加到查询设计视图中。

（2）添加查询字段。分别将“学生”表中的“学生 ID”、“姓名”、“性别”、“出生日期”、“专业”和“电话号码”字段拖放到设计网格的“字段”单元格中。

（3）在“姓名”字段的“条件”单元格中，输入提示文本信息“[输入要查找的学生姓名：]”，如图 3-25 所示。

图 3-25 带参数的查询设计视图

（4）运行该查询，出现如图 3-26 所示的对话框。输入"王海洋"，查询结果如图 3-27 所示。

图 3-26 "输入参数值"对话框   图 3-27 带参数查询结果

（5）以"一个参数的查询"保存该查询。

从查询运行结果可以看出，筛选出了姓名"王海洋"的有关信息。每次运行该查询时可以输入不同的姓名，查询相关的学生信息。

 提示

设置参数查询时，在"条件"单元格中输入查询提示信息时，提示信息两边必须加上"[ ]"方括号，如果不加方括号，在运行查询时，系统会把提示信息当做查询条件。

3.4.2 创建多个参数的查询

例 12 创建参数查询，查询身高在某个范围内的学生信息。

分析：该查询可以设置"身高"为参数，在查询前输入"身高起始值"和"身高终止值"，然后根据输入的数值进行检索。

步骤

（1）新建查询，打开查询设计视图，在"显示表"对话框中将"学生"表添加到查询设计视图中。

（2）添加查询字段。分别将"学生"表中的"学生 ID"、"姓名"、"性别"、"出生日期"、"身高"和"专业"字段拖放到设计网格的"字段"单元格中。

（3）在"身高"字段的"条件"单元格中输入"Between [身高起始值] And [身高终止值]"，如图 3-28 所示。

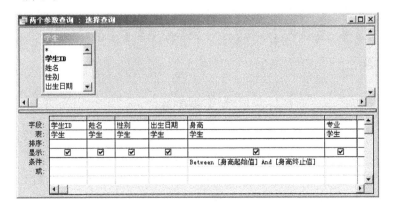

图 3-28 多参数的查询设置

（4）运行该查询，出现提示对话框，分别输入"身高起始值"和"身高终止值"。例如，查询身高在 1.70～1.80m 之间的学生信息，如图 3-29 和图 3-30 所示。

图 3-29　输入起始值　　　　　　　　图 3-30　输入终止值

（5）查询结果如图 3-31 所示。

学生ID	姓名	性别	出生日期	身高	专业
20070102	王海洋	男	1991-7-15	1.73	网络技术
20070210	孙大鹏	男	1991-1-10	1.78	信息服务
20080103	谭永强	男	1992-12-3	1.71	网络技术

记录：｜◀ ◀　　　　1　▶ ▶｜ ▶＊ 共有记录数：3

图 3-31　两个参数的查询结果

使用参数查询可以实现模糊查询。在作为参数的每个字段的"条件"单元格中输入条件表达式，并在方括号内输入相应的提示信息。

● 表示查询大于某数值：

　　>[输入大于该数值：]

● 表示以某字符（汉字）开头的词：

　　Like [查找开头的字符或汉字：] & "*"

● 表示包含某字符（汉字）的词：

　　Like "*" [查找包含的字符（汉字）：] & "*"

● 表示以某字符（汉字）结尾的词：

　　Like "*" & [查找文中结尾的字符（汉字）：]

📖 课堂练习

1. 创建参数查询，在"学生"表中查找某位学生的信息。
2. 创建参数查询，在"学生"表中查找以某字符（汉字）开头的学生信息。
3. 创建参数查询，查找某门课程某一分数段的学生名单。

 相关知识

交叉表查询

使用交叉表查询可以计算并重新组织数据的结构，这样可以更加方便地分析数据。交叉表查询可计算数据的总计、平均值、计数或其他类型的总和。这种数据可分为两组信息：一组在数据表左侧排列，另一组在数据表的顶端。下面介绍创建交叉表的方法。例如，创建一个交叉表，统计某年级学生各门课程的成绩。

（1）新建查询，在"新建查询"对话框中选择"交叉表查询向导"选项，单击"确定"按钮,出现如图 3-32 所示的对话框。选择一个为创建交叉表提供字段的查询对象,可以是表,也可以是查询。例如,选择"查询:成绩查询"。

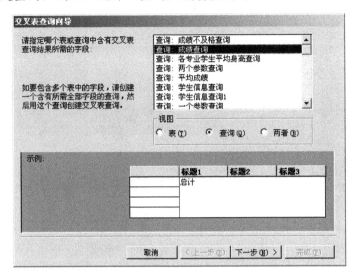

图 3-32 为交叉表选取查询数据源对话框

(2)单击"下一步"按钮,出现如图 3-33 所示的对话框,选择"姓名"作为行标题。

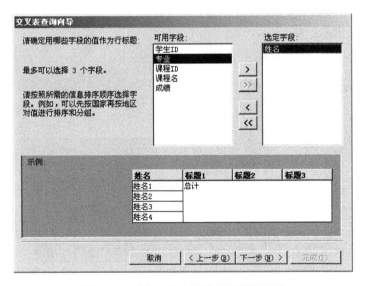

图 3-33 为交叉表查询选择行标题字段

(3)单击"下一步"按钮,在如图 3-34 所示的对话框中选择"课程名"作为列标题。

(4)单击"下一步"按钮,在如图 3-35 所示的对话框中选择在每个行和列的交叉点上显示的数据。在"字段"列表框中选择"成绩"。

(5)单击"下一步"按钮,出现完成创建交叉表对话框。这时需要为创建的查询指定一个名称,再单击"完成"按钮,系统则会自动创建一个交叉表,如图 3-36 所示。

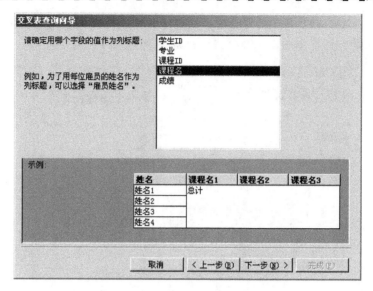

图 3-34　为交叉表查询选择列标题

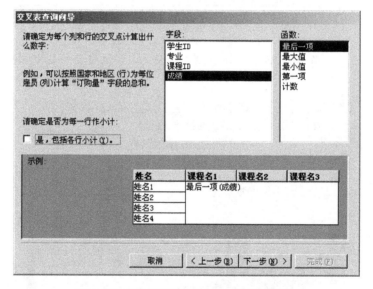

图 3-35　选择行和列交叉点上显示的数据

![成绩查询_交叉表 : 交叉表查询]

姓名	1	3	4	5	6	12
陈晓菊			70			95
孙大鹏				88		
谭永强			50			82
王海洋	90				85	84
张柄哲		55				
张同军				65		
张晓蕾	85				82	90
赵万淑	78				76	78

记录: ◄ ◄ 　　　1　 ► ►| ►＊ 共有记录数: 8

图 3-36　交叉表查询结果

交叉表查询中所用的字段必须来自同一个表或查询。在创建交叉表查询时，如果所需的字段来自不同表或查询，可以先创建一个基于多个表或查询的查询，将交叉表查询中所需的字段建立在一个查询中，然后再创建交叉表查询。

3.5　操作查询

操作查询用于复制或更改数据。操作查询包含追加、删除、生成表和更新查询。删除和更新查询可更改现有的数据；追加和生成表查询可复制现有的数据。

- 生成表查询：这种查询可以根据一个或多个表中的全部或部分数据新建表。生成表查询有助于创建表以导出到其他 Microsoft Access 数据库或包含所有旧记录的历史表。
- 删除查询：这种查询可以从一个或多个表中删除一组记录。例如，可以使用删除查询来删除某些空白记录。使用删除查询，通常会删除整个记录，而不只是记录中的部分字段。
- 更新查询：这种查询可以对一个或多个表中的一组记录做全局更改。例如，可以将所有奶制品的价格提高 10 个百分点，或将某一工作类别人员的工资提高 5 个百分点。使用更新查询，可以更改已有表中的数据。
- 追加查询：追加查询可将一个或多个表中的一组记录添加到一个或多个表的末尾。例如，假设用户获得了一些新的客户，以及包含这些客户信息的数据库。若要避免在自己的数据库中输入所有这些信息，最好将其追加到"客户"表中。

3.5.1　生成表查询

例 13　将"学生"表中 2007 级学生的相关信息另存在"2007XS"表中。

分析：这是一个生成表查询，将查询到的记录保存到一个新表中。

步骤

（1）新建查询，添加"学生"表，设置有关字段，并在"学生 ID"字段的"条件"单元格中输入筛选条件"Like "2007*""，如图 3-37 所示，然后可以切换到"数据表视图"查看筛选结果。

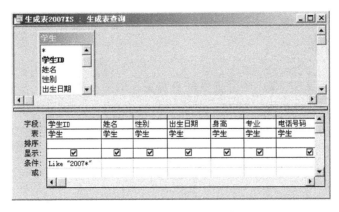

图 3-37　创建"生成表查询"

（2）单击菜单"查询"→"生成表查询"命令，出现如图 3-38 所示的对话框，输入新表的名称"2007XS"，新生成的表可以保存在当前数据库，也可以保存到另一个数据库中。在本例中选择保存到当前数据库。单击"确定"按钮，以保存设置。

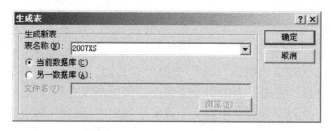

图 3-38　"生成表"对话框

（3）单击"确定"按钮，返回查询设计视图，再单击工具栏上的"运行"按钮，出现创建新表提示信息，如图 3-39 所示。

图 3-39　创建新表提示信息

（4）单击"是"按钮，创建新表。打开新生成的"2007XS"表，可以查看新生成的记录，如图 3-40 所示。

学生ID	姓名	性别	出生日期	身高	专业	电话号码
20070101	张晓蕾	女	1991-11-2	1.62	网络技术	89091118
20070102	王海洋	男	1991-7-15	1.73	网络技术	13001687134
20070105	赵万淑	女	1991-8-17	1.55	网络技术	84600973
20070210	孙大鹏	男	1991-1-10	1.78	信息服务	82687126
20070212	张同军	男	1990-9-7	1.67	信息服务	

图 3-40　生成的新表记录

3.5.2　更新查询

例 14　将"2007XS"表中全部男生的身高每人增加 5 厘米。
分析：这是一个更新查询，可以成批修改表中记录。

步骤

（1）新建查询，把"2007XS"表添加到"查询设计"视图中。
（2）将表中的"性别"和"身高"字段拖到设计视图的字段行中，单击"查询"菜单中的"更新查询"命令。

（3）在设计网格"性别"字段的"条件"单元格中输入"男"；在"身高"字段"更新到"单元格中输入"[身高]+0.05"，如图 3-41 所示。

（4）保存设置，单击工具栏上的"运行"按钮，系统弹出如图 3-42 所示的提示对话框。单击"是"按钮，系统会对"2007XS"表中全部男生的身高进行更新。

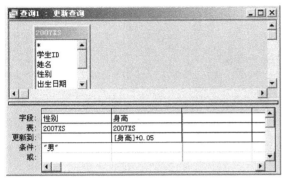
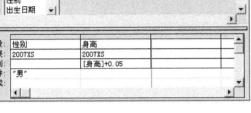

图 3-41　在"设计"视图中创建更新查询　　　　图 3-42　确认更新查询

（5）打开"2007XS"表，记录更新结果如图 3-43 所示，与更新前（如图 3-40 所示）比较可以看到，表中全部男性的身高被成批修改了。

学生ID	姓名	性别	出生日期	身高	专业	电话号码
20070101	张晓蕾	女	1991-11-2	1.62	网络技术	89091118
20070102	王海洋	男	1991-7-15	1.78	网络技术	13001687134
20070105	赵万淑	女	1991-8-17	1.55	网络技术	84600973
20070210	孙大鹏	男	1991-1-10	1.83	信息服务	82687126
20070212	张同军	男	1990-9-7	1.72	信息服务	

记录: ▮◀ ◀ 　1 ▶ ▶▮ ▶* 共有记录数: 5

图 3-43　更新后的"2007XS"表

提示

执行更新查询时，如果执行多次，将使数据表中的数据多次被更新（每运行一次，身高增加 5 厘米），势必会造成数据错误。

3.5.3　追加查询

例 15　创建追加查询，将"成绩"表中"课程 ID"为"Z005"的课程追加到"KCZ005"表中（假设"KCZ005"表已存在，并与"成绩"表结构相同）。

分析：利用追加查询可以将查询的结果追加到一个已存在的表中，但表中必须含有查询结果字段。

 步骤

（1）新建查询，在"显示表"对话框中，把"成绩"表添加到"查询设计"窗口中，将全部字段依次拖入设计视图的网格中。

（2）在"课程 ID"的"条件"单元格中输入"Z005"，单击菜单"查询"→"追加查询"命令，出现"追加"对话框，输入表名"KCZ005"，并且选择"当前数据库"，如图3-44所示。

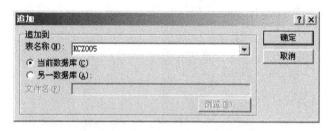

图 3-44 "追加"对话框

（3）单击"确定"按钮，返回到追加查询设计视图，并在"查询设计"视图中增加"追加到"一行，如图 3-45 所示。

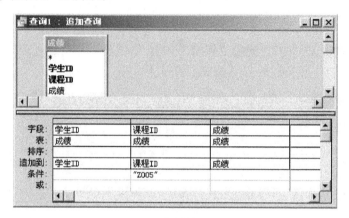

图 3-45 追加查询设计视图

（4）单击工具栏上的"运行"按钮，系统给出提示，单击"是"按钮，如图 3-46 所示，把筛选的记录追加到"KCZ005"表中。打开"KCZ005"表，追加的记录如图 3-47 所示。

图 3-46 追加记录提示框

图 3-47 追加记录后的表

如果追加的表中没有设置主关键字段，或追加没有重复的记录时，可以执行多次追加查询操作。

 提示

要复制表结构，可以在数据库"表"对象窗口中，用鼠标右键单击要复制的表，在弹出的快捷菜单中选择"复制"命令，再单击空白处，选择"粘贴"命令，出现"粘贴表方式"对话框，如图 3-48 所示，确定表名，并选择粘贴方式。

图 3-48 "粘贴表方式"对话框

3.5.4 删除查询

删除查询可从一个或多个表中删除一组记录，若启用级联删除，可从单个表、一对一关系的表中或一对多关系的多个表中删除记录。

例 16 创建删除查询，删除"2007XS"表（如图 3-43 所示）中专业为"信息服务"的记录。

分析：使用删除查询，一次可以删除表中一条或多条记录。

步骤

（1）新建查询，在"显示表"对话框中把待删除记录的"2007XS"表添加到"查询设计"窗口。

（2）单击菜单"查询"→"删除查询"命令，此时在设计网格中会出现一个"删除"行，将"2007XS"表中的"*"号拖到设计视图的网格中，"From"关键字将显示在字段的"删除"单元格中。

（3）将"专业"字段拖到设计网格中，在该字段的"条件"单元格中输入"信息服务"，如图 3-49 所示。

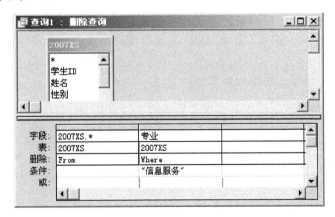

图 3-49 "删除查询"设计视图

（4）单击工具栏上的"运行"按钮，出现提示对话框时单击"是"按钮，即可删除符合条件的记录。

（5）打开"2007XS"表，记录如图3-50所示，与图3-43对比可以看到，专业为"信息服务"的两条记录被删除了。

学生ID	姓名	性别	出生日期	身高	专业	电话号码
20070101	张晓蕾	女	1991-11-2	1.62	网络技术	89091118
20070102	王海洋	男	1991-7-15	1.78	网络技术	1300168713
20070105	赵万淑	女	1991-8-17	1.55	网络技术	84600973

图 3-50　删除记录后的"2007XS"表记录

 课堂练习

1. 创建一个生成表查询，将"学生"表中"网络技术"专业的学生复制到一个新表中。
2. 创建更新查询，将上题新建表中某记录的信息进行更新。
3. 创建一个删除查询，根据某信息查找并删除该学生的有关信息。

 相关知识

SQL 查询

SQL（Structured Query Language）即结构化查询语言，是基于关系代数运算的一种关系数据查询语言。它功能丰富、语言简洁、使用方便灵活，是关系数据库的标准语言。

SQL 是一种通用的、功能强大的数据库语言，它不仅具有查询功能，还有数据定义语言 DDL、数据操纵语言 DML、数据控制语言 DCL 的功能，是一种通用的关系数据库语言，能够完成从定义数据库到录入数据的全部工作，从而建立数据库。另外，它可为用户提供查询、更新、维护和扩充等操作，以及保障数据安全的操作。SQL 语言简洁、易学，由于其设计巧妙语言十分简洁，完成数据定义、数据操作、数据控制等核心功能只需用 CREATE、DROP、ALTER、INSERT、UPDATE、DELETE、GRANT、REVOKE、SELECT 9 个动词。

SQL 的核心是查询。SELECT 是 SQL 的一条查询命令，它具有使用灵活、简便、功能强大等优点。

SELECT 查询命令的一般格式如下：

```
SELECT [DISTINCT]
    [<表名>.]<查询项> [AS <列标题>][, [<表名>.]<查询项> [AS <列标题>]...]
FROM <表名> [,<表名>]
[WHERE <条件> ]
[ORDER BY <排序项> [ASC | DESC] [, <排序项> [ASC | DESC] ...]]
[GROUP BY <分组项>[, <分组项>...]] [HAVING <条件>]
```

说明

从数据表中查询满足条件的记录。各短语选项的含义如下。

FROM <表名>是命令中的必选项，<表名>是指被查询的数据表名，可以同时查询多个表中的数据，表名之间用逗号间隔。

<查询项>是指要查询输出的内容，可以是字段名或表达式，还可以使用通配符"*"，通配符"*"指表中的全部字段。如果有多个选项，各项之间用逗号间隔。

AS <列标题>是为查询项指定显示的列标题，如果省略该项，系统会自动给定一个列标题。

DISTINCT 选项是指在查询结果中，相同的查询结果只出现一条。

例如，使用 SELECT 命令查询并显示"学生"表中全部记录的"学生 ID"、"姓名"、"性别"、"专业"和"出生日期"字段内容，在 SQL 视图窗口中输入如下内容：

> SELECT 学生 ID,姓名,性别,专业,出生日期 FROM 学生

单击工具栏上的"视图"按钮，切换到"数据表视图"，出现查询结果。

查询结果显示表中的全部记录，输出字段的排列顺序由命令中字段的排列顺序决定。

如果用 SELECT 命令查询输出表中的全部字段，除了在命令中将全部字段名一一列举出来之外，还可以用通配符"*"表示表中的全部字段。

例如，在 SQL 视图窗口输入命令：

> SELECT * FROM 学生

查询结果是显示"学生"表中全部记录的全部字段内容。

如命令：

> SELECT 学生 ID,姓名,性别,专业,出生日期 FROM 学生
> WHERE 身高 BETWEEN 1.70 AND 1.80

可查询显示"学生"表中身高在 1.70～1.80m 之间的记录，只显示"学生 ID"、"姓名"、"性别"、"专业"和"出生日期"字段内容。

另外，还可以对查询结果进行分组、排序等。

习题

一、填空题

1. 在 Access 2003 中可以创建_____、_____、_____、_____和_____5 种查询。

2. 选择查询是从_____中检索所需要的数据，运行时返回一个结果集，并不更改结果集内包含的数据，在"设计"视图中创建选择查询时，Access 能自动生成相应的_____语句，可以在_____视图中查看该语句。

3. 在书写查询准则时，日期值应该用_____符号引起来。

4. 当用逻辑运算符 Not 连接的表达式为真时，整个表达式为_____。

5．Between #2009-1-1# and #2009-12-31#，它的含义是＿＿＿＿＿＿＿＿＿＿＿。

6．特殊运算符 Is Null 用于指定一个字段为＿＿＿＿＿＿。

7．在查询设计视图的＿＿＿＿＿单元格中，选中复选标记表示在查询中是否显示该字段。

8．参数查询是通过运行查询时的＿＿＿＿＿＿来创建的动态查询结果。

9．将来源于某个表中的字段进行分组，一列在数据表的左侧，一列在数据表的上部，然后在数据表行与列的交叉处显示表中某个字段统计值，该查询是＿＿＿＿＿＿＿。

10．每个查询都有 3 种视图，分别是＿＿＿＿＿、＿＿＿＿＿和＿＿＿＿＿。

11．查询不仅能简单地检索记录，还能通过创建＿＿＿＿＿＿对数据进行统计运算。

12．操作查询包括＿＿＿＿＿＿、＿＿＿＿＿＿、＿＿＿＿＿＿和＿＿＿＿＿＿4 种类型。

二、选择题

1．每个查询都有 3 种视图，下列不属于查询 3 种视图的是（　　　）。
　　A．设计视图　　　B．模板视图　　　C．数据表视图　　　D．SQL 视图

2．为了和一般的数值数据区分，Access 规定日期类型的数据两端各加一个符号（　　　）。
　　A．*　　　　　　B．#　　　　　　C．"　　　　　　D．?

3．表示以字母 N 开头的条件语句是（　　　）。
　　A．Like "N*"　　B．Like "*N"　　C、Like "[L-N]*"　　D．Like "*N*"

4．在查询中设置年龄在 18～60 岁之间的条件可以表示为（　　　）。
　　A．>18 Or <60　　B．>18 And <60　　C．>18 Not <60　　D．>18 Like <60

5．条件语句"Where 工资>3 000"的含义是（　　　）。
　　A．"工资"中大于 3 000 元的记录
　　B．将"工资"中大于 3 000 元的记录删除
　　C．复制字段"工资"中大于 3 000 元的记录
　　D．将字段"工资"中大于 3 000 元的记录进行替换

6．函数"First"的含义是求所在记录中指定字段值的（　　　）。
　　A．和　　　　　B．平均值　　　　C．最小值　　　　D．第一个值

7．条件"not 工资>3 000"的含义是（　　　）。
　　A．除了工资大于 3 000 元之外的记录
　　B．工资大于 3 000 元的记录
　　C．工资小于 3 000 元的记录
　　D．工资小于 3 000 元并且不能为零的记录

8．特殊运算符 In 的含义是（　　　）。
　　A．用于指定一个字段为真
　　B．用于指定一个字段为空
　　C．用于指定一个字段值的范围，指定的范围之间用 And 连接
　　D．用于指定一个字段值列表，列表中的任意值都可与查询的字段相匹配

9．在统计计算查询中，函数 Avg 的功能是（　　　）。
　　A．计算字段中所有记录的总和　　　　B．计算字段中所有记录的平均值
　　C．取字段的最小值　　　　　　　　　D．取字段的最大值

10．应用查询将表中的数据进行修改，应使用的操作查询是（　　　）。

　　A．删除查询　　　　B．追加查询　　　　C．更新查询　　　　D．生成表查询
　　11．要将查询结果保存在一个表中，应使用的操作查询是（　　　）。
　　A．删除查询　　　　B．追加查询　　　　C．更新查询　　　　D．生成表查询
　　12．如果要将两个表中的数据合并到一个表中，应使用的操作查询是（　　　）。
　　A．删除查询　　　　B．追加查询　　　　C．更新查询　　　　D．生成表查询

上机操作

一、操作要求

1．创建选择查询。
2．创建条件查询。
3．创建参数查询。
4．通过查询生成新表。
5．追加、更新、删除表中记录。

二、操作内容

　　1．打开"图书管理"数据库，使用向导创建一个选择查询，在"图书"表中查询图书明细，包含有"图书 ID"、"书名"、"作译者"、"定价"、"出版日期"和"版次"字段。

　　2．使用设计视图创建一个选择查询，查询中包括"订单"表的"单位"、"图书 ID"、"册数"、"订购日期"和"发货日期"字段，以及"图书"表的"书名"和"定价"字段。

　　3．修改上题建立的查询，要求按"单位"字段和 "订购日期"升序排序。

　　4．使用设计视图创建一个选择查询，查询 2008 年 1 月 1 日以后订购图书情况，包括"订单"表的"单位"、"图书 ID"、"册数"、"订购日期"和"发货日期"字段，以及"图书"表的"书名"和"定价"字段。

　　5．在"订单"表中查询某种图书订购数量在 60 本以上的信息。

　　6．在"订单"表中查询订购日期在 2008 年 1 月 1 日至 2008 年 5 月 31 日之间的记录。

　　7．在"图书"表中检索出"电子工业出版社"在 2008 年所出版的图书。

　　8．创建一个分组查询，计算各单位已领取图书的金额（每种图书的总金额为：［册数］*［定价］）。

　　9．创建一个查询，每次运行该查询时，通过对话框提示输入要查找的图书 ID，查询结果中包含订购该图书的有关信息。

　　10．创建两个参数的查询，查询某一个时间范围内订购图书的有关信息。

　　11．将"图书"表中"电子工业出版社"（"出版社 ID"为"01"）的记录筛选到一个新表中，表名为"图书 01"，包含"图书"表中的"书名"、"作译者"、"定价"、"出版社 ID"、"版次"和"出版社"表中的"出版社"字段。

　　12．将"图书"表中版次为"1-1"的记录追加到"图书 01"表中。

　　13．删除"图书 01"表中"出版社"字段值为空的记录。

　　14．将"图书 01"表中版次为"1-1"的定价调整为原来的 80%。

第4章 窗体设计

学习目标

◇ 了解窗体的功能和类型
◇ 能够创建简单的窗体
◇ 会创建图表窗体
◇ 会创建数据透视表和数据透视图窗体
◇ 能对窗体进行布局与修饰
◇ 能使用常用的窗体控件
◇ 会创建子窗体

窗体是 Access 数据库系统的一个重要对象，通过窗体不但可以浏览记录，还可以添加、修改、删除记录或改变应用程序控制流程等。

4.1 认识窗体

4.1.1 窗体的功能

窗体和报表都用于对数据库中数据的维护，但两者的作用是不同的。窗体主要用来输入数据，报表则用来输出数据。具体来说，窗体具有以下功能。

● 数据的显示与编辑：窗体的基本功能是用来显示与编辑数据的。窗体可以显示来自多个数据表中的数据。此外，用户可以利用窗体对数据库中的相关数据进行添加、删除和修改，并可以设置数据的属性。用窗体来显示并浏览数据比用表和查询的数据表格式显示数据更加灵活。

● 数据输入：用户可以根据需要设计窗体，作为数据库中数据输入的接口，这种方式可以节省数据录入的时间并提高数据输入的准确度。窗体的数据输入功能，是它与报表的主要区别。

● 控制应用程序流程：与 VB 窗体类似，Access 2003 中的窗体也可以与函数、子程

序相结合。在每个窗体中，用户可以使用 VBA 编写代码，并利用代码执行相应的
功能。

- 信息显示和数据打印：在窗体中可以显示一些警告或解释信息。此外，窗体也可以
  用来执行打印数据库数据的功能。

4.1.2　窗体类型

Access 提供了纵栏式窗体、表格式窗体、数据表窗体、主/子窗体、图表窗体和数据透
视表窗体等多种类型的窗体。

（1）纵栏式窗体。窗体内容按列排列，每一列包含两部分内容，左边显示字段名，右
边显示字段内容，包括图片和备注内容，如图 4-1 所示。

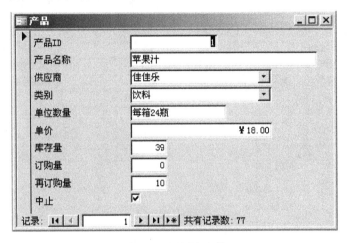

图 4-1　纵栏式窗体

（2）表格式窗体。一个窗体内可以显示多条记录，每条记录显示在一行中，且只显示
字段的内容，而字段名显示在窗体的顶端，如图 4-2 所示。

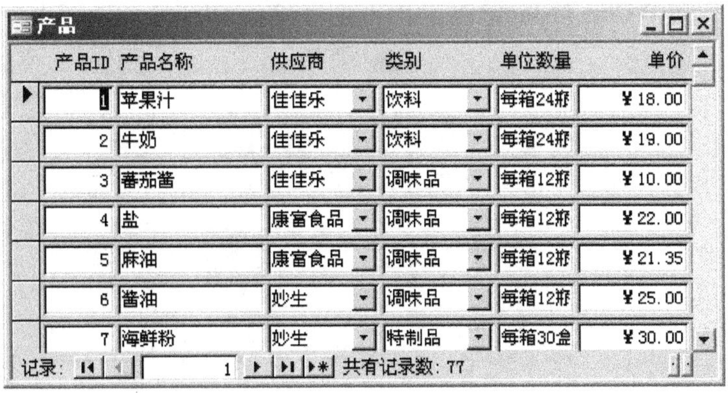

图 4-2　表格式窗体

（3）数据表窗体。数据表窗体和查询显示数据的界面相同，主要用来作为一个窗体的
子窗体。

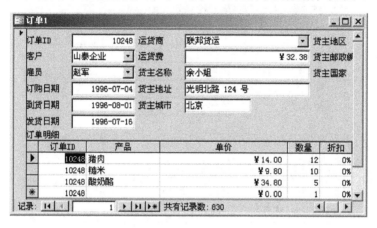

图 4-3　数据表窗体

（4）主/子窗体。一般用来显示来自多个表中具有一对多关系的数据。子窗体是指包含在窗体中的窗体，包含窗体的窗体称为主窗体。主窗体一般用来显示连接关系中"一"端表格中的数据，而子窗体用于显示连接关系中"多"端表格中的数据，如图 4-4 所示。

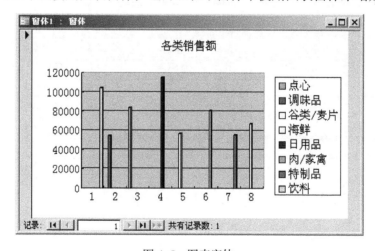

图 4-4　主/子窗体

（5）图表窗体。图表窗体是利用 Microsoft Graph 以图表方式显示用户数据的窗体，如图 4-5 所示。可以单独使用图表窗体，也可以在子窗体中使用图表窗体来增加窗体的功能。

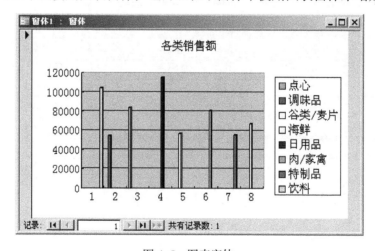

图 4-5　图表窗体

（6）数据透视表窗体。数据透视表窗体用于汇总并分析数据表或查询中的数据，如

图 4-6 所示。可以通过拖动字段和项，或者通过显示和隐藏字段的下拉列表中的项，来查看不同级别的详细信息或指定布局。

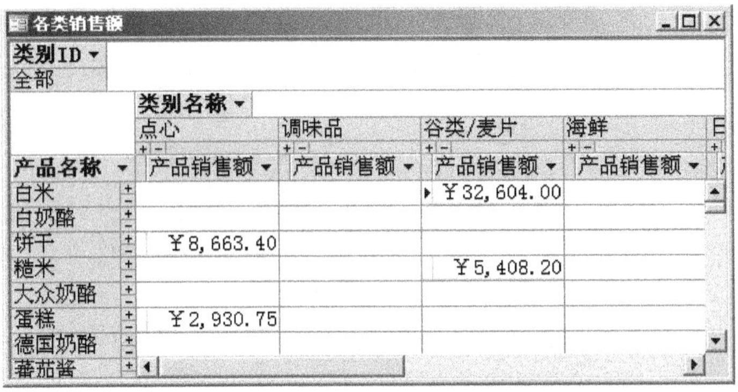

图 4-6 数据透视表窗体

窗体是以数据表或查询为基础来创建的，在窗体中显示数据表或查询中的数据时，窗体本身并不存储数据，数据存储在一个或几个关联的表中。

📖 **课堂练习**

1. 分别打开 Northwind 数据库中的"订单"窗体、"客户"窗体和"类别"窗体，并通过窗体浏览数据。

2. 打开 Northwind 数据库中的"销售额分析"窗体，分别查看数据透视表和数据透视图。

4.2 创建简单窗体

在 Access 数据库中，有时用户对窗体的布局要求不高，使用窗体主要用来显示数据，如数据表窗体。为此，系统提供了"自动创建窗体"和"窗体向导"两种快速创建窗体的方法。

4.2.1 自动创建窗体

自动创建窗体的固定格式，包含表或查询中的全部字段。系统提供的自动创建窗体有纵栏式、表格式、数据表、数据透视表和数据透视图 5 种类型格式。

例 1 以"学生"表为数据源，自动快速创建一个"纵栏式"窗体。

分析：纵栏式窗体的特点是指定表或查询的字段内容按列排列，每一列包含两部分内容，左边显示字段名，右边显示字段内容，它包括图片和备注内容。通过导航按钮，可以浏览其他记录。

🐬 **步骤**

（1）打开"成绩管理"数据库，选择"窗体"对象。

（2）单击"新建"按钮，打开"新建窗体"对话框，选择"自动创建窗体：纵栏式"选项，在"请选择该对象数据的来源表或查询"右侧的下拉式列表框中选择"学生"表，如图4-7所示。

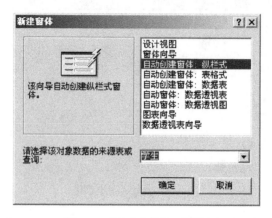

图4-7　"新建窗体"对话框

（3）单击"确定"按钮，系统自动快速生成如图4-8所示的纵栏式窗体。

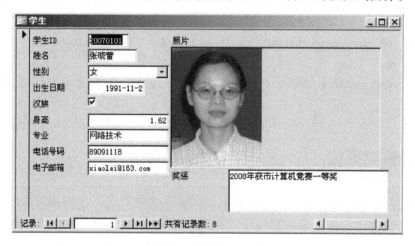

图4-8　"纵栏式"窗体

对于表格式窗体，其特点是在窗体内可以显示多条记录，每条记录显示在一行中，且只显示字段的内容，而字段名显示在窗体的顶端。

4.2.2　使用向导创建简单窗体

例2　以"学生"表为数据源，使用窗体向导快速创建一个窗体。

分析：使用窗体向导可以创建使用自动窗体所创建的窗体，不同之处在于窗体中的数据可以来源于一个或多个表与查询。

步骤

（1）在"新建窗体"对话框中，选择"窗体向导"选项，单击"确定"按钮，打开确定窗体字段对话框，将"学生"表中的全部字段添加到"选定的字段"列表中，如图 4-9 所示。

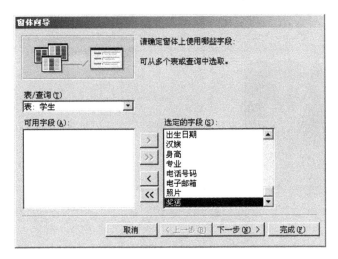

图 4-9 选择字段

（2）单击"下一步"按钮，出现确定窗体布局对话框，如图 4-10 所示。系统提供了 6 种布局方式，其中纵栏表、表格、数据表、数据透视表和数据透视图与自动创建窗体相同，这里选择"两端对齐"布局。

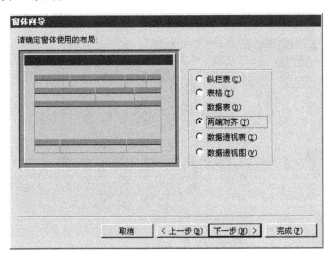

图 4-10 确定窗体布局对话框

（3）单击"下一步"按钮，出现"请确定所用样式"对话框，系统提供了 10 种样式供选择，如选择"标准"样式。

（4）单击"下一步"按钮，出现"请为窗体指定标题"对话框，如输入窗体标题"学生 1"。

（5）单击"完成"按钮，系统根据向导中的设置自动生成窗体，结果如图 4-11 所示。

该窗体是两端对齐窗体，它的特点是窗体中一次显示一条记录，它能自动根据字段的长度调整显示大小，窗体两端的数据排列整齐。

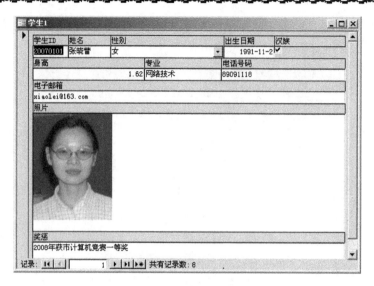

图 4-11　"两端对齐"窗体

4.2.3　使用向导创建分层窗体

使用窗体向导还可以创建分层窗体，分层窗体就是含有子窗体的窗体，主要用于显示一对多关系表中的数据。

例 3　使用窗体向导创建一个如图 4-12 所示的窗体，用于查看每位学生的成绩信息。

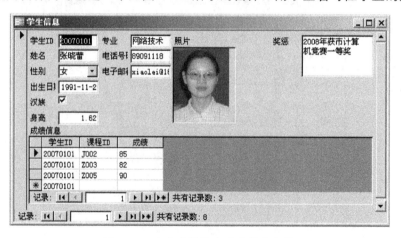

图 4-12　含有成绩信息子窗体的窗体

分析：该窗体为主/子窗体，其中"学生信息"为主窗体，"成绩信息"窗体为子窗体。"学生信息"窗体中的数据来自"学生"表，而"成绩信息"窗体中的记录来自"成绩"表。

步骤

（1）在"新建窗体"对话框中，选择"窗体向导"选项，单击"确定"按钮，打开确定窗体字段对话框，分别将"学生"表中的全部字段和"成绩"表中的全部字段添加到"选定的字段"列表中。

（2）单击"下一步"按钮，出现"请确定查看数据的方式"对话框，如图 4-13 所示。选择"通过学生"查看数据，并选择"带有子窗体的窗体"选项。

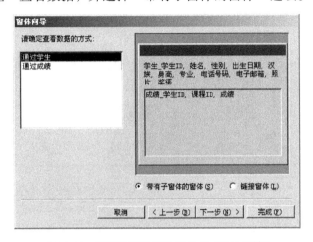

图 4-13　"请确定查看数据的方式"对话框

提示

在建立主/子窗体前，应保证提供数据的两个表建立关联。例如，"学生"表和"成绩"表通过"学生 ID"字段建立了一对多的关系。

（3）单击"下一步"按钮，出现"请确定子窗体使用的布局"对话框，系统提供了 4 种布局方式，如图 4-14 所示，选择"数据表"布局。

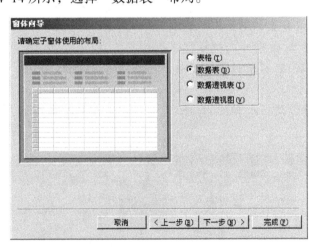

图 4-14　"请确定子窗体使用的布局"对话框

（4）单击"下一步"按钮，出现"请确定所用样式"对话框，选择"标准"样式。单击"下一步"按钮，出现"请为窗体指定标题"对话框，为新创建的主窗体和子窗体指定标题。例如，主窗体的标题为"学生信息"，子窗体的标题为"成绩信息"。

（5）单击"完成"按钮，系统根据向导中的设置自动创建窗体，结果如图 4-12 所示。

在如图 4-12 所示的窗体中，主窗体和子窗体中分别带有记录的导航按钮，通过"学生信息"表的导航按钮，可以查看该学生的成绩记录。通过"成绩信息"子窗体的导航按钮，可以确定具体的成绩记录。

在图 4-13 中如果选择"链接窗体"选项，则在主窗体中会添加一个"成绩"切换按钮，可通过该切换按钮打开子窗体，如图 4-15 所示。

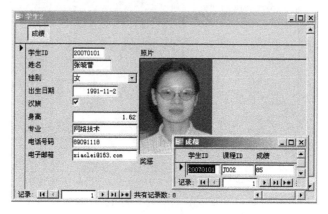

图 4-15 链接窗体

在图 4-15 所示的窗体中，两个窗体是分离的，可以任意改变每个窗体的大小和位置，或关闭其中的任何一个窗体。

📖 **课堂练习**

1. 以"学生"表为数据源，自动创建一个表格式窗体。

2. 以"学生"表为数据源，自动创建一个数据表窗体，并观察分析纵栏式窗体、表格式窗体和数据表窗体有什么不同。

3. 创建一个如图 4-15 所示的链接窗体。

4. 试试在如图 4-13 所示的对话框中，选择"通过成绩"选项，将会创建一个什么样的窗体。

5. 使用窗体向导创建一个如图 4-16 所示的窗体，子窗体包含"课程"表和"成绩"表的信息。

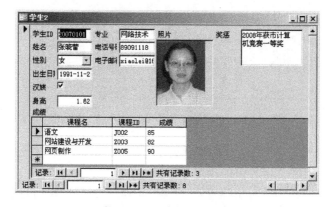

图 4-16 使用向导创建的含有子窗体的窗体

4.3 创建图表窗体

使用图表可以形象地表示数据的变化，它直观生动，易于查看数据的比例、模式及趋势。Access 2003 的图表有二维和三维两种，主要包括柱形图、条形图、面积图、折线图、XY 散点图、饼图、气泡图和圆环图等 20 种图表。

例 4 创建一个如图 4-17 所示的学生身高图表窗体。

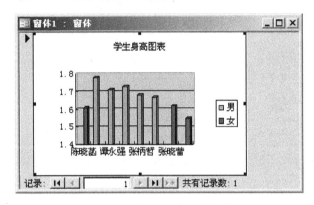

图 4-17 学生身高图表窗体

分析：图表中含有"学生"表的"姓名"、"性别"和"身高" 3 个字段。通过该窗体图表可以查看学生的身高情况，图表中的柱形用不同的颜色表示学生的性别。

步骤

（1）在"新建窗体"对话框中选择"图表向导"选项，选择"学生"表为数据来源，单击"确定"按钮，打开"图表向导"对话框。分别将"姓名"、"性别"和"身高"字段添加到"用于图表的字段"框中，如图 4-18 所示。

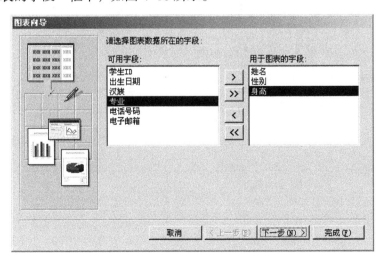

图 4-18 选择图表字段对话框

🐦 **提示**

选择创建图表的字段最多为 6 个。

（2）单击"下一步"按钮，在图表类型对话框中选择一种图表。例如，选择"三维柱形图"，如图 4-19 所示。

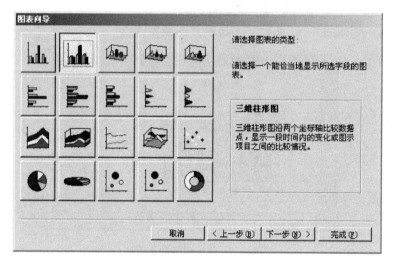

图 4-19 "请选择图表的类型"对话框

（3）单击"下一步"按钮，出现如图 4-20 所示的图表布局方式对话框，分别将右侧字段列表中的"身高"、"姓名"和"性别"字段拖放到"数据"、"轴"和"系列"区中。

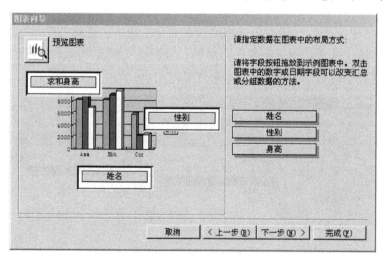

图 4-20 图表布局对话框

🐦 **提示**

双击左上角"数据"区中的"求和身高"字段，打开如图 4-21 所示的"汇总"对话框，设置数值字段的汇总方式，系统默认为总计方式。

图 4-21 "汇总"对话框

（4）单击"下一步"按钮，出现图表标题对话框，输入图表标题"学生身高图表"，最后单击"完成"按钮，完成创建图表窗体，如图 4-17 所示。

另外，要创建图表也可以在窗体设计视图中通过"插入"菜单的"图表"命令启动"图表向导"，来创建一个图表。

📖 课堂练习

1. 以"成绩"表为数据源，创建一个反映学生成绩的柱形图表窗体。

2. 先创建一个反映各专业学生平均身高的查询，再以此查询为数据源，建立各专业学生平均身高的折线图表窗体，如图 4-22 所示。

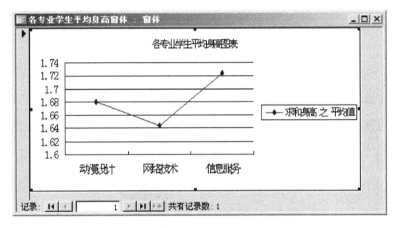

图 4-22 各专业学生平均身高折线图表窗体

4.4 创建数据透视表窗体

在 Access 中，可以利用数据透视表对数据表中的数据进行分析。数据透视表是一种交互式的表，可以将字段值作为行号或列标题，在每个行列交叉处计算出各自的数值，然后计算小计和总计，所进行的计算与数据在数据透视表中的排列有关。

例 5 创建一个基于"学生"表的数据透视表。

分析：使用"数据透视表向导"可以创建数据透视表。通过数据透视表能帮助用户分析、组织数据。利用它可以很快地从不同角度对数据进行分类汇总。

步骤

（1）在"新建窗体"对话框中选择"数据透视表向导"选项，单击"确定"按钮，系统自动启动"数据透视表向导"对话框。

（2）单击"下一步"按钮，出现如图 4-23 所示的对话框，选择"学生"表中的所有字段。

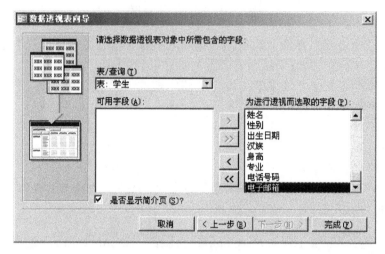

图 4-23　"请选择数据透视表对象中所需包含的字段"对话框

（3）单击"完成"按钮，此时出现数据透视表的一个空白框架，如图 4-24 所示，同时打开"数据透视表字段列表"对话框。

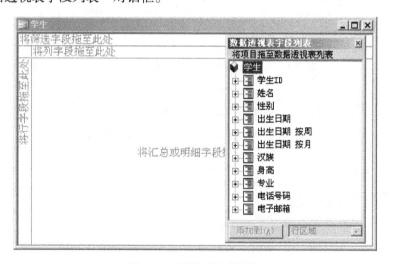

图 4-24　数据透视表框架

（4）将"数据透视表字段列表"对话框中的"学生 ID"和"姓名"字段拖放到标有灰色字样的"将行字段拖至此处"框内；将"专业"字段拖放到"将筛选字段拖至此处"框内；将"性别"字段拖放到"将列字段拖至此处"框内；将"身高"字段拖放到"将汇总或明细字段拖至此处"框内，至此就形成了如图 4-25 所示的数据透视表。

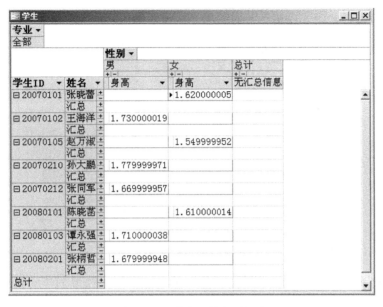

图 4-25 "学生"数据透视表

在该数据透视表中,可以按专业、性别查看学生的身高情况。

数据透视图视图是用于显示表或窗体中数据图形分析的视图,创建方法类似于创建数据透视表窗体,读者可以自行学习。

提示

在数据透视表的任意对象上单击鼠标右键,选择快捷菜单中的"隐藏详细资料"或"显示详细资料"选项,可以隐藏或显示汇总字段的详细信息。

课堂练习

1. 创建一个反映学生各门课程成绩的数据透视表窗体。
2. 创建一个反映学生各门课程成绩的数据透视图窗体。

4.5 使用设计视图创建窗体

使用设计视图创建窗体时,首先要创建一个空白窗体,然后指定窗体的数据来源。在窗体中添加、删除控件,利用这些控件既可以方便地对数据库中的数据进行编辑、查询等,又能使工作界面美观大方。

例 6 使用设计视图创建一个空白窗体。

分析: 使用设计视图可以比较灵活地创建窗体,空白窗体是指窗体中还没有添加其他控件的窗体。

步骤

(1) 在"新建窗体"对话框中选择"设计视图",单击"确定"按钮,出现如图 4-26

所示的空白窗体设计视图。该窗体只有一个"主体"节。

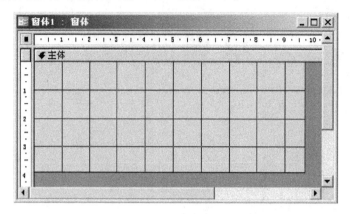

图 4-26　空白窗体设计视图

由于在"新建窗体"对话框中没有选择数据来源，所以这里创建的是一个不含记录来源的空白窗体。

（2）单击"窗体视图"工具栏上的"视图"切换按钮，切换到窗体视图，如图 4-27 所示。

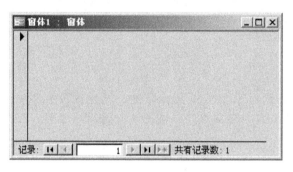

图 4-27　空白窗体

（3）切换到窗体设计视图，单击"视图"菜单中的"窗体页眉/页脚"命令，可在窗体中添加窗体页眉和窗体页脚，如图 4-28 所示。

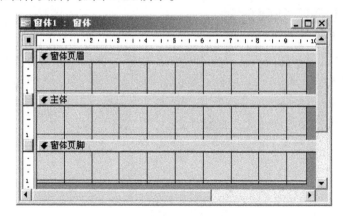

图 4-28　添加了"窗体页眉/页脚"的空白窗体设计视图

    用同样的方法单击"视图"菜单中的"页面页眉/页脚"命令,可以添加"页面页眉/页脚"。

    例 7   使用设计视图创建一个窗体,并在窗体中添加"学生"表中的"学生 ID"、"姓名"、"性别"、"出生日期"、"汉族"、"身高"和"专业"字段。

    分析:使用设计视图创建空白窗体后,可以比较灵活地添加窗体控件。

步骤

    (1)在"新建窗体"对话框中选择"设计视图",单击"确定"按钮,出现空白窗体设计视图。

    (2)单击工具栏"属性"按钮 ,打开如图 4-29 所示的"窗体"属性对话框。在"全部"选项卡中单击"记录源"属性框右侧的"生成器"按钮 ,打开"查询生成器"窗口,同时打开"显示表"对话框,将"学生"表添加到"查询生成器"窗口,然后将表中的"学生 ID"、"姓名"、"性别"、"出生日期"、"汉族"、"身高"和"专业"字段分别拖放到查询设计网格的"字段"栏中,如图 4-30 所示。

图 4-29   窗体"属性"对话框

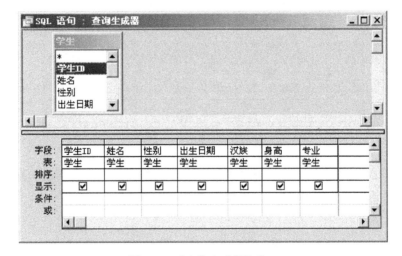

图 4-30   "查询生成器"窗口

    (3)保存查询,"记录源"属性被修改,同时出现"字段列表"对话框,如图 4-31 所示。如果没有显示字段列表的话,可以单击"工具栏"上的"字段列表"按钮 。

（4）依次将字段列表中的字段拖放到窗体"主体"节的适当位置，拖放字段后的窗体如图 4-32 所示。

图 4-31 "字段列表"对话框

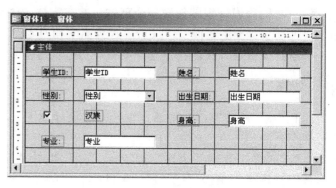

图 4-32 添加控件的窗体设计视图

 提示

如果一次拖放多个字段，可按住【Ctrl】键，依次单击要拖动的字段，再把字段拖到窗体的相应位置上。

添加到窗体中的字段控件包括两部分，即字段的附加标签和字段控件，其中附加标签显示字段的名字，字段控件可以是文本框、列表框等。如果添加的是文本型、数字型和日期型等字段，系统会生成一个文本框；若是逻辑型字段会生成一个复选框；若是 OLE 对象会生成一个对象框。

（5）以"学生_1"为名保存该窗体，打开该窗体，结果如图 4-33 所示。

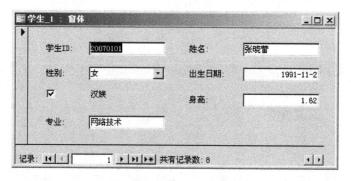

图 4-33 "学生_1"窗体

使用窗体设计视图，不仅可以创建基于一个表或查询的窗体，还可以创建基于多个表或查询的窗体，这些表或查询之间必须建立一种关联。

📖 **课堂练习**

1. 在窗体设计视图中创建一个空白窗体，然后在窗体设计视图中双击窗体选择器（窗体左上角中标尺相交的框），打开窗体"属性"对话框，浏览窗体属性列表。

2. 在窗体设计视图中创建一个窗体，并在窗体中分别添加"学生"表中的"姓名"字段、"成绩"表中的全部字段和"课程"表中的"课程名"字段。

4.6 窗体结构及其属性

4.6.1 认识窗体结构

一个窗体主要由窗体页眉/页脚、主体和页面页眉/页脚 5 个节组成,如图 4-34 所示。窗体页眉和页脚显示在窗体的前面和后面,主体显示在窗体的中间位置,页面页眉和页脚分别显示在主体的上部和下部。每个节中包含有很多控件,这些控件主要用于显示数据、执行操作和修饰窗体等。

图 4-34 窗体的结构

1. 窗体页眉

窗体页眉位于窗体的上方,常用来显示窗体的名称、提示信息或放置命令按钮。打印时该节的内容只会打印在第一页。通过"视图"菜单中的"窗体页眉/页脚"命令,可切换是否显示"窗体页眉/页脚"节。

2. 页面页眉

页面页眉的内容在打印时才会出现,而且会打印在每一页的顶端,可用来显示每一页的标题、字段名等信息。通过"视图"菜单中的"页面页眉/页脚"命令,可切换是否显示"页面页眉/页脚"节。

3. 主体

主体是设置数据的主要区域,每个窗体都必须有一个"主体"节,主要用来显示表或查询中的字段和记录等信息,也可以设置其他一些控件。

4. 页面页脚

页面页脚与"页面页眉"前后对应,该节的内容只出现在打印时每一页的底端,通常用来显示页码和日期等信息。

5．窗体页脚

窗体页脚与"窗体页眉"相对应，位于窗体的最底端，一般用来汇总"主体"节的数据。例如，总人数、平均成绩等，也可以设置命令按钮和提示信息等。

每个节都有一个默认的高度，在添加控件时，可以调整节的高度。具体操作方法是将鼠标指针指在两个节中间的分隔线上，当指针变成 ✛ 时，按下左键上下拖动至适当位置即可。

通常在窗体的各个节中包含有窗体控件，如打开前面创建的"学生"窗体及其设计视图，分别如图 4-35 和图 4-36 所示。

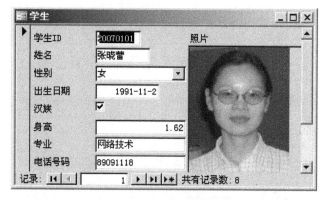

图 4-35　"学生"窗体

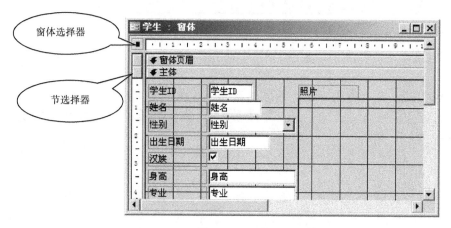

图 4-36　"学生"窗体设计视图

该窗体设计视图中由窗体页眉、主体和窗体页脚 3 个节组成，"主体"节中还包含标签、文本框和复选框等控件。

4.6.2　设置窗体属性

在修改窗体时，首先应该修改整个窗体的属性，但窗体属性中所包含的项目很多，其中又根据特性分为"格式"、"数据"、"事件"、"其他"和"全部"5 类选项卡，这里只介绍其中的部分属性。

打开窗体"设计"视图，双击"窗体选择器"按钮■，打开窗体的"属性"对话框，在这里可以设置窗体的属性，如图 4-37 所示。可根据不同的选项卡设置相应的属性，或在"全部"选项卡中浏览所有属性项目。下面介绍常用的部分属性。

图 4-37　"学生"窗体"属性"对话框

1. 窗体基本数据

● 记录来源：指窗体的数据来源，可以是表或查询名称。
● 标题：是整个窗体的标题，可以与"记录源"相同。

2. 数据显示

● 默认视图：表示打开窗体后的视图，有"单个窗体"、"连续窗体"、"数据表"、"数据透视表"和"数据透视图"。除了熟悉的"数据表"外，"单个窗体"为一次在视图中只显示一条记录，而"连续窗体"为一次显示多条记录。
● 允许的视图方式：分为"允许'窗体'视图"、"允许'数据表'视图"、"允许'数据透视表'视图"和"允许'数据透视图'视图"4 种类型，默认的模式都为"是"。
● 快捷菜单：是否允许在窗体中使用"快捷菜单"，默认值为"是"，建议不要修改此项。
● 滚动条：分为"两者均无"、"只水平"、"只垂直"和"两者均有"4 种类型，这是窗口通用的组件，建议使用默认值"两者均有"。
● 记录选定器：位于记录最左端的向右三角形，设为"是"及"否"，表示显示/隐藏记录选定器。
● 导航按钮：此为表和窗体的共同组件，用来指出当前的记录数，建议使用默认值"是"显示该按钮。

● 分隔线：窗体里的 5 个节之间使用线条隔开，称为分隔线，也可用在连续窗体中，"是"表示显示该分隔线。

　　例如，记录选定器、导航按钮和分隔线 3 个选项的默认值都"是"，对应窗体如图 4-38 所示，将这 3 个选项的值设置为"否"，对应窗体如图 4-39 所示。

图 4-38　设置记录选定器、导航按钮和分隔线的窗体

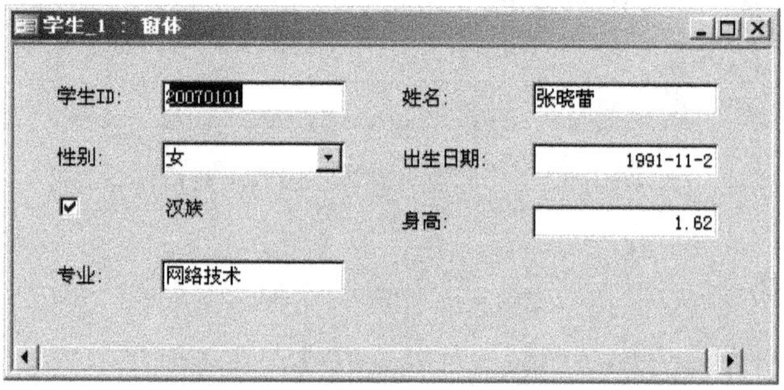

图 4-39　取消设置记录选定器、导航按钮和分隔线的窗体

3．数据使用权限

● 允许编辑：以"是"及"否"设置数据编辑权限。
● 允许删除：以"是"及"否"设置数据删除权限。
● 允许添加：以"是"及"否"设置增加记录权限。
● 数据输入：设置是否在打开窗体时增加一条空白记录，默认值为"是"。
● 允许筛选：设置是否可在窗体中应用筛选，默认值为"是"。

4．窗口启用模式

● 弹出方式：特点是该窗口不管是否为当前窗口，一定会保持在其他窗口的最上方。如果设置窗体视图为弹出方式，将属性值设置为"是"，默认值为"否"。
● 模式：最常见的"模式"窗口是各种对话框，一定要在关闭该"对话框"后，才能使用其他窗口。默认值为"否"。

　　同样窗体各个节也都有自己的属性，如高度、颜色、背景颜色、特殊效果和打印设置等。设置节的属性时，可双击窗体设计视图中的节选择器，打开节的属性对话框进行设置。

 相关知识

窗体布局

在窗体上添加控件后，有时需要对窗体上的各个控件进行适当的调整和修饰，从而达到美化窗体的目的。如调整控件的大小，改变控件的位置，设置字体和颜色等。

1. 调整控件大小

在调整窗体控件大小之前，必须先选择要调整的控件，可以用下列方法选择控件。

● 单一控件：在窗体设计视图中，单击窗体的任意位置即可选择该控件，这时在该控件周围会出现 8 个控点，可以左、右、上、下调整控件大小。

● 多个控件：如果要同时选择两个以上的多个控件，应在按下【Shift】键后依次单击要选择的控件。

调整控件大小可以通过鼠标拖动、菜单方式和控件属性来实现。

使用鼠标调整控件大小时，将鼠标指针置于控制点上，当指针变为双向箭头时，再拖动，可以改变对象的大小。拖动鼠标的方法可能不够精细，这时可以按下【Shift】键后再使用键盘的方向箭头键来调整。

通过菜单方式选择"格式"→"大小"选项，如图 4-40 所示，也可以调整控件的大小。

图 4-40　"大小"菜单选项

通过设置控件属性的"宽度"和"高度"来进行调整，特别适合于对控件进行微调。

2. 移动控件位置

在修改窗体时，有时需要对窗体控件中的位置进行调整移动。移动控件分为两种情况：一是同时移动控件和附带的标签，二是分别移动控件和附带的标签。

同时移动控件和附带的标签时，单击控件或其附带的标签，这时控件或其附带的标签都被选中，在控件上出现控点。将鼠标指针移到控件或其附带的标签的边框上，当鼠标指针变成"手掌"时，按下鼠标左键并拖动到新的位置即可。

分别移动控件或其附带的标签时，单击控件或其附带的标签，将鼠标指针移到控件或附带的标签左上角的控点上，当鼠标指针变成"小手"时，可以单独拖动一个控件。

移动控件时，还可以将多个控件一起移动。移动操作前必须先选择要移动的多个控件，只要移动其中的任意一个控件，这时其他控件也会随之相对移动。

如果要精确地调整控件的位置，可以按住【Ctrl】键和相对的方向箭头键来移动。同样也可以通过设置控件属性的"左边距"、"右边距"、"上边距"和"下边距"的数值来精确移动。

3．对齐控件

窗体中添加多个控件后，往往需要使控件排列整齐。控件对齐的方式有上对齐、下对齐、左对齐和右对齐。手工设置往往不够准确，为此系统提供了许多对齐的方法，这里介绍通过"对齐"菜单来设置的方法。

首先选择要对齐的多个控件，再选择"格式"→"对齐"选项，如图 4-41 所示，选择一种对齐方式，使所选对象向所需方向对齐。

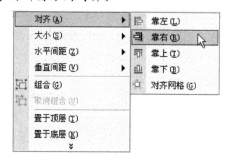

图 4-41　　"对齐"菜单选项

用同样的方法，可以设置控件之间的"水平间距"和"垂直间距"等。

4．复制与删除控件

在窗体中添加控件时，如添加标签控件，可以使用复制的方法。选择一个或多个要复制的控件，单击工具栏中的"复制"按钮，再将鼠标移到要添加的节中单击，然后单击工具栏中的"粘贴"按钮，完成复制操作。

当要删除控件时，先选择一个或多个要删除的控件，再单击工具栏中的"剪切"按钮或按下键盘上的【Del】键完成删除操作。

📖　**课堂练习**

1. 打开"学生_1"窗体设计视图，查看"主体"节属性设置。
2. 在"学生_1"窗体设计视图中，调整各控件的对齐方式。

4.7　窗体修饰

例 8　修饰"学生_1"窗体，设置控件字体(标签黑体，文本框、组合框为方正姚体)、字号(11 号)、颜色(标签蓝色，文本框、组合框为红色)，并设置窗体背景，如图 4-42 所示。

分析：修饰窗体是为了使窗体更加美观，包括设置背景样式、背景色、字体、字号、颜色及特殊效果等。对于控件的字体、字号、颜色等属性可以直接通过工具栏进行设置，更详细的属性设置可以通过"属性"窗口进行设置。

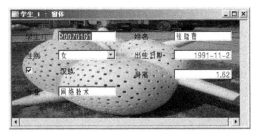

图 4-42 修饰后的"学生_1"窗体

步骤

（1）设置字体和字号。打开"学生_1"窗体设计视图，选择全部字段的附加标签，然后单击工具栏的"属性"按钮，打开"属性"窗口，如图 4-43 所示，分别设置字体为黑体、字号为 11 等。

图 4-43 设置字段的附加标签属性

用同样的方法设置字段控件的文本框和组合框字体为方正姚体、字号为 11 等。

（2）设置颜色。选择标签控件，单击工具栏上的"字体/字体颜色"按钮 右侧的箭头，从打开的调色板中选择合适的颜色，如蓝色。用同样的方法将文本框和组合框设置为红色，也可以通过属性窗口来设置控件颜色。

也可以通过单击工具栏上的"填充/背景色"按钮 或"线条/边框颜色"按钮 右侧的箭头，选择适当的颜色，来填充颜色或设置线条颜色。

（3）设置窗体背景图片。双击窗体设计视图中的窗体选择器按钮，打开"窗体"属性窗口，如图 4-44 所示。在"图片"属性框中选择要插入的图片；在"图片类型"框中有嵌入和链接两种选择，选择嵌入；在"图片缩放模式"框中有剪裁、拉伸和缩放 3 种模式，这里选择拉伸模式。

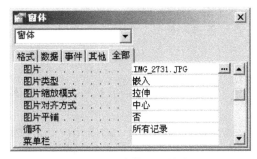

图 4-44 "窗体"属性窗口

关闭"窗体"属性窗口后，观察窗体的设置效果。

 相关知识

窗体特殊效果的修饰

在修饰窗体时，可以设置控件凸起、凹陷或蚀刻等特殊效果，使控件看起来更有立体感。Access 提供了平面、凸起、凹陷、蚀刻、阴影和凿痕等几种效果。设置特殊效果的方法是，首先选择要设置特殊效果的控件，然后单击工具栏上的"特殊效果"按钮 右侧的箭头，从列表中选择合适的特殊效果。如图 4-45 和图 4-46 所示的窗体是设置特殊效果前后的对比。其中，标签是阴影效果，文本框和组合框是蚀刻。如果再对字体、字号及颜色进行修饰，窗体将更加美观。

图 4-45　控件设置特殊效果前

图 4-46　控件设置特殊效果后

📖 **课堂练习**

1. 使用窗体设计视图，创建一个以"学生"表为数据源的学生信息窗体。
2. 对学生信息窗体及其控件进行修饰。

4.8　窗体控件的使用

控件是在窗体、报表或数据访问页上用于显示数据、执行操作或作为装饰的对象，窗体或报表中的所有信息都包含在控件中。例如，可以在窗体、报表或数据访问页上使用文本

框显示数据，在窗体上使用命令按钮打开另一个窗体或报表，或者使用线条或矩形来隔离和
分组控件，以增强它们的可读性。

Access 2003 中的控件根据数据来源及属性不同，可以分为绑定型控件（又称结合型控
件）、非绑定型控件（又称非结合型控件）和计算控件 3 种类型。

绑定型控件与表或查询中的字段相连，可用来输入、显示或更新数据表中的字段内
容。当把一个数值输入给一个绑定型控件时，系统会自动更新对应表中记录字段的内容。

非绑定型控件没有数据来源，主要用于显示控件信息、线条及图像等，它不会修改数
据表中记录字段的内容，如标签、图片等。

计算控件用于显示数值类型数据的汇总或平均值，其来源是表达式而不是字段值，
Access 只是将运算后的结果显示在窗体中。例如，计算课程的平均分。

4.8.1　标签和文本框控件

标签可以附加到另一个控件上，如在创建文本框时，文本框有一个附加的标签，用来
显示该文本框的标题。该标签在窗体的"数据表"视图中作为列标题显示。在使用"标签"
工具 **Aa** 创建标签时，该标签将单独存在，并不是附加到任何其他控件上的，它可以使用独
立的标签显示信息（如窗体、报表或数据访问页的标题）或其他说明性文本。在"数据表"
视图中将不显示独立的标签。

例 9　使用设计视图新建窗体，在窗体"窗体页眉"节中添加一个标题为"学生信息管
理"的标签，如图 4-47 所示。

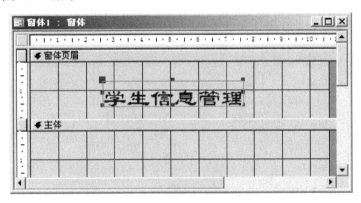

图 4-47　只含有标签控件的窗体

分析：标签是非绑定型控件，可以在窗体、报表或数据访问页上使用标签来显示说明
性文本。例如，标题、题注或简短的说明。标签并不显示字段或表达式的值；它们总是未绑
定的，而且当用户从一条记录移到另一条记录时，它们不会有任何改变。

步骤

（1）使用设计视图新建一个窗体，选择"视图"→"窗体页眉/页脚"选项，按下工具
箱中的标签按钮 **Aa**，再将鼠标指针移到窗体的"窗体页眉"节中，按下鼠标左键并拖动鼠
标，产生任意大小的空白标签。

（2）在空白标签中输入标签文本内容，如输入"学生信息管理"。

（3）双击该标签对象，打开"属性"窗口，修改该控件对象的属性。例如，设置该标签"字体名称"为"隶书"、"字号"为"24"、"前景色"为"深蓝色（10485760）"、"文本对齐"方式为"居中"等，如图 4-48 所示。

图 4-48　标签"属性"窗口

（4）切换到窗体视图，观察设计效果，以文件名"XS"保存创建的窗体。

提示

如果一行文字超过标签的宽度时，系统会自动增加行宽；如果超过窗体的宽度时，会自动换行。通过"格式"菜单可以设置"对齐"、"大小"等属性。

例 10　在 XS 窗体中分别添加标签和文本框，其中文本框分别用来显示系统日期和学生的有关信息，如图 4-49 所示。

图 4-49　添加标签和文本框控件的窗体

分析：文本框分为绑定型文本框和非绑定型文本框。绑定型文本框可以直接在窗体上显示表或查询的字段值。非绑定型文本框可以用来显示计算结果、当前日期时间或接受用户所输入的数据，该数据是一个用来传递的中间数据，一般不需要存储。"窗体页眉"节中的文本框用来显示系统当前的日期，系统当前日期对应的表达式为"=date()"；"主体"节中的信息来自"学生"表。

步骤

（1）打开 XS 窗体设计视图，单击工具箱中的"文本框"按钮 **abl**（不要按下"控件向导"按钮 ），在窗体"窗体页眉"节中单击，添加一个默认的非绑定型文本框及附加标签，如图 4-50 所示。

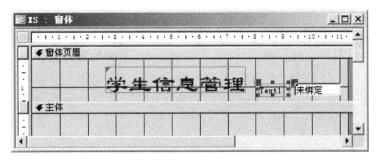

图 4-50　添加的非绑定型文本框

（2）调整非绑定型文本框和附加标签的位置及大小，然后将标签的标题修改为"日期:"，在"未绑定"文本框中输入日期表达式"=date()"。

（3）添加绑定型文本框。绑定型文本框可以直接在窗体上显示表或查询的字段值。在本章前面已经介绍了将表或查询设置为记录源，从"字段列表"拖动字段到窗体设计视图的方法。添加的文本框都是绑定型文本框，同时系统还自动添加了附加的标签作为字段的标题。下面介绍另一种方法。

先为窗体指定数据源。双击"窗体选择器"按钮，打开"窗体"属性对话框，设置窗体的记录源为"学生"表，如图 4-51 所示。

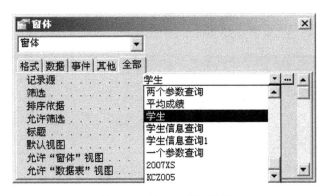

图 4-51　设置窗体记录源

🐦 **提示**

必须为窗体设置记录源，否则，即使给文本框设置了控件来源，也将不能正确显示记录数据。

在"主体"节中添加一个文本框，修改标签标题后，再打开文本框的"属性"对话框，设置"控件来源"属性。例如，将"学生编号"文本框"控件来源"属性设置为"学生ID"，如图 4-52 所示。

切换到窗体视图，结果如图 4-53 所示。

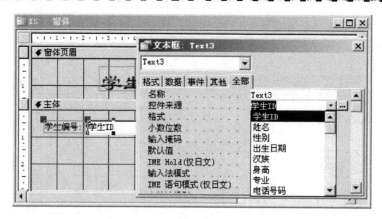

图 4-52　设置"学生 ID"文本框控件来源

图 4-53　XS 窗体设计效果

用同样的方法，根据图 4-49 所示，添加其他标签和文本框，并设置文本框的"控件来源"属性，添加控件后的 XS 窗体如图 4-54 所示。

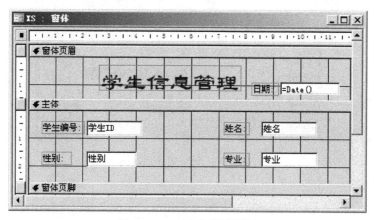

图 4-54　XS 窗体设计视图

（4）切换到窗口视图，观察添加窗体的效果，最后保存该窗体。

 相关知识

窗体控件简介

在窗体设计视图窗口中，单击工具栏上的"工具箱"按钮 ✖，屏幕会出现控件"工具

箱"窗口，如图 4-55 所示。工具箱中包括各种控件按钮，如标签、文本框、选项组、复选框、组合框、列表框、绑定对象框、未绑定对象框、切换按钮、命令按钮、选项按钮、图像、选项卡控件及直线等。

图 4-55　控件"工具箱"工具栏

要设计功能齐全、界面美观的窗体，需要了解各控件的功能，如表 4-1 所示列出了窗体控件工具箱中各控件及其功能。

表 4-1　控件工具箱中各控件及其功能

控 件 名 称	功　能
选择对象	移动或改变控件大小
控件向导	使用控件向导建立控件
标签	创建一个标签控件
文本框	创建一个文本框控件
命令按钮	创建一个执行命令按钮
选项按钮	创建一个包含多个选项的按钮
选项组	可包含多个选项按钮、复选框或开关按钮
切换按钮	创建一个双态按钮（开/关），常用于图形或图标
子窗体/子报表	在一个窗体或报表中建立另一个窗体或报表
复选框	创建一个供选择开/关状态的复选框控件
组合框	创建一个下拉式列表框或组合框，供选择或输入数值
列表框	创建一个上下滚动的列表框
选项卡控件	创建一个显示文本文字的选项卡控件
图像	在窗体上建立位图图像
分页符	将窗体用分页符分隔
未绑定对象框	添加一个不随记录变化的 OLE 对象
绑定对象框	添加一个随记录变化的 OLE 对象
直线	在窗体上画各种线条，用于分隔
矩形	在窗体上画任意大小的矩形
其他控件	列出 Access 2003 支持的所有控件，供用户选择

课堂练习

1. 在 XS 窗体"主体"节中添加一个标签和文本框，文本框用来显示学生的出生日期。

2．在 XS 窗体"主体"节中添加一个文本框计算控件，用来显示学生的身高（假定每位学生的身高增加 2 厘米），如图 4-56 所示。提示：未绑定文本框的计算表达式为"=[身高]+0.02"。

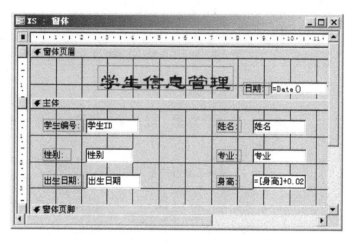

图 4-56　修改后的窗体设计视图

4.8.2　组合框和列表框控件

组合框类似于文本框和列表框的组合，可以在组合框中输入新值，也可以从列表中选择一个值。组合框中的列表由数据行组成。数据行可以有一个或多个列，这些列可以显示或不显示标题。

例 11　将例 10 中创建的 XS 窗体中的"专业"文本框设置为组合框，如图 4-57 所示。

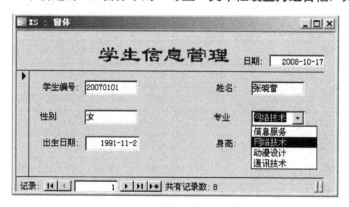

图 4-57　添加的组合框窗体

分析： 组合框中有一个下拉箭头，可以通过下拉箭头选择所需的选项或输入数值，所以它比文本框和列表框更节省空间。

步骤

（1）打开 XS 窗体设计视图，先删除"专业"文本框，按下"工具箱"中的"控件向导"按钮，再单击"组合框"按钮，在窗体上要放置组合框的位置处，单击并拖动鼠标拉出一个方框至所需大小，此时打开"组合框向导"对话框，如图 4-58 所示。

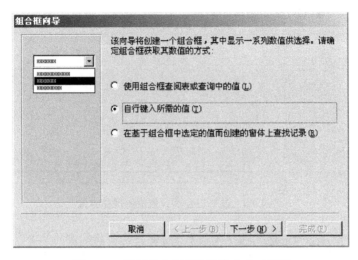

图 4-58 设置组合框获取数值方式对话框

（2）选择"自行输入所需的值"，单击"下一步"按钮，出现为组合框提供数值对话框，如图 4-59 所示。

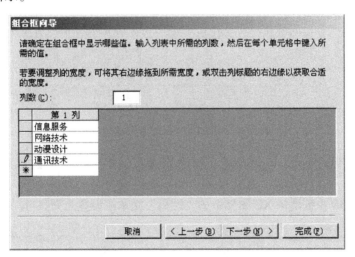

图 4-59 为组合框提供数值对话框

（3）设置列数并输入为列提供的数值后，单击"下一步"按钮，在选择组合框中数值的保存方式时，选择"将该数值保存在这个字段中"，如图 4-60 所示。

（4）单击"下一步"按钮，在出现的对话框中为组合框指定一个标签标题，如"专业"。单击"完成"按钮，结束组合框的创建操作，如图 4-61 所示。

组合框中包含控件的值列表，在输入过程中可以在列表中选择一个值，这样不仅可以提高输入效率，也避免了输入错误。在窗体中如果修改"专业"字段值，修改的结果将直接回存在"学生"表的"专业"字段中。

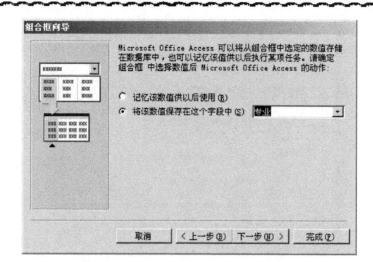

图 4-60　选择组合框中数值的保存方式

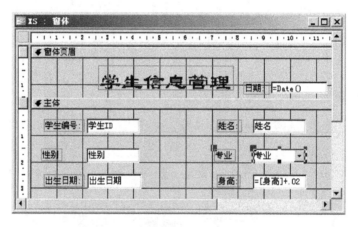

图 4-61　添加组合框的窗体设计视图

列表框与组合框类似，通过提供一组数据选项供用户选择。如果显示的数据选项较多，可以通过滚动条上下移动，选择选项，但不允许用户在列表框中输入数据。

例 12　将例 10 中创建的 XS 窗体中的"性别"文本框设置为列表框，如图 4-62 所示。

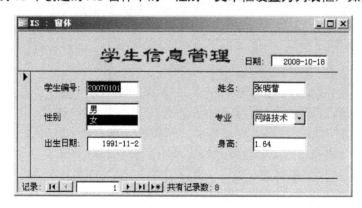

图 4-62　添加的列表框窗体

　　分析：列表框中的列表是由数据行组成的。在窗体中，列表框中可以有一个或多个列，每列的标题可以有也可以没有。如果一个多列的列表框是绑定的，Access 就可以在其中的列保存值。

步骤

　　（1）打开 XS 窗体设计视图，先删除"性别"文本框，按下"工具箱"中的"控件向导"按钮，再单击"组合框"按钮，在窗体上要放置组合框的位置处，单击并拖动鼠标拉出一个方框至所需大小，此时打开"列表框向导"对话框，该对话框与"列表框向导"对话框类似，如图 4-58 所示。

　　（2）选择"自行输入所需的值"，单击"下一步"按钮，出现为列表框提供数值对话框，如图 4-63 所示。

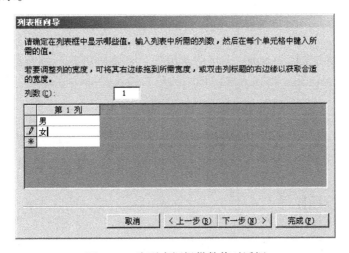

图 4-63　为列表框提供数值对话框

　　（3）设置列数并输入为列提供的数值后，单击"下一步"按钮，在选择列表框中数值的保存方式时，选择"将该数值保存在这个字段中"，如图 4-64 所示。

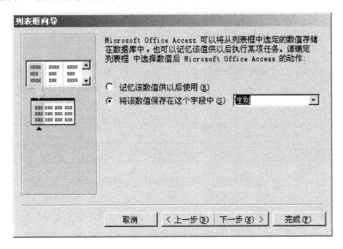

图 4-64　选择列表框中数值的保存方式

（4）单击“下一步”按钮，在出现的对话框中为列表框指定一个标签标题，如“性别”。单击“完成”按钮，结束列表框的创建操作，如图 4-65 所示。

图 4-65　添加列表框的窗体设计视图

如果列表框是绑定的，Access 会将所选值插入列表框绑定到的字段。如果绑定列不同于列表中显示的列，Access 将插入绑定列中的值，而不是插入单击（选定）的值。

📖　**课堂练习**

1. 将 XS 窗体中的“性别”控件设置为组合框，并为该组合框提供列表值。
2. 将 XS 窗体中的“专业”控件设置为列表框，并为该列表框提供列表值。

4.8.3　命令按钮控件

例 13　在 XS 窗体中添加一组记录操作命令按钮，并实现相应的功能，如图 4-66 所示。

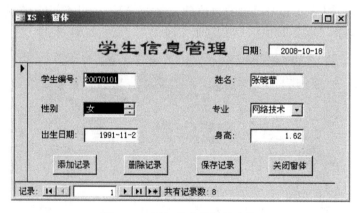

图 4-66　添加命令按钮的窗体

分析：命令按钮提供了一种只需单击按钮即可执行操作的方法。选择按钮时，它不仅会执行相应的操作，其外观也会有先按下后释放的视觉效果。使用命令“控件向导”可以创建 30 多种不同类型的命令按钮。

步骤

（1）打开 XS 窗体设计视图，按下"工具箱"中的"控件向导"按钮，再单击"命令"按钮，在窗体要放置命令按钮的位置，单击并拖动鼠标，此时打开"命令按钮向导"对话框，如图 4-67 所示。在该对话框中有两个列表框，一个是命令按钮的类型，另一个是具体的操作。例如，在"类型"列表框中选择"记录操作"，在"操作"列表框中选择"添加新记录"。

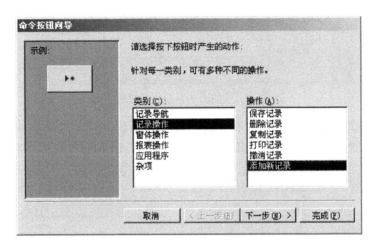

图 4-67　"命令按钮向导"对话框

（2）单击"下一步"按钮，在出现的对话框中选择在按钮上设置文本或图片。选中"文本"单选按钮，并输入文本"添加记录"，如图 4-68 所示。

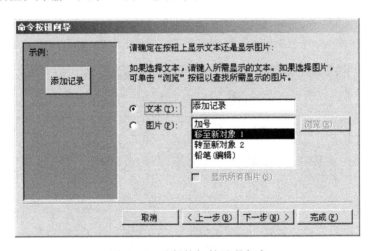

图 4-68　选择按钮的呈现方式

（3）单击"下一步"按钮，在出现的对话框中为按钮指定一个名称，这个名称是系统内部作为识别该按钮的标识，建议不要修改，最后单击"完成"按钮。至此，添加了一个命令按钮，如图 4-69 所示。

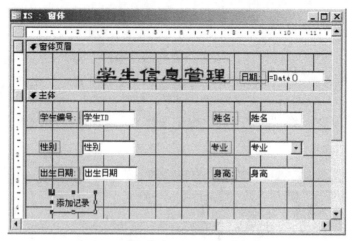

图 4-69　添加了一个命令按钮的窗体

（4）用同样的方法依次添加并设置其他命令按钮，其中"关闭窗体"按钮需要通过图 4-68 所示的"类别"列表框的"窗体操作"来添加，最后结果如图 4-70 所示。

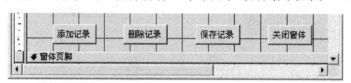

图 4-70　添加命令按钮的窗体设计视图

在窗体视图中通过命令按钮新增加一条记录，然后切换到数据表视图，打开"学生"表，观察是否新增加了一条记录，再通过"删除记录"按钮删除该记录。

📖 **课堂练习**

1. 在 XS 窗体中添加一组记录导航命令按钮，如图 4-71 所示，并实现相应的功能。

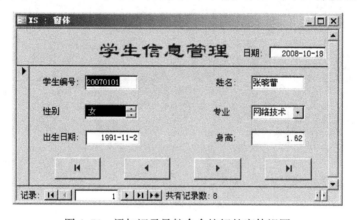

图 4-71　添加记录导航命令按钮的窗体视图

🐦 **提示**

可在"命令按钮向导"对话框中选择"类型"列表框中的"记录导航"进行设置。

2. 在上题的基础上再添加一组记录操作命令按钮，并实现相应的功能，如图 4-72 所示。

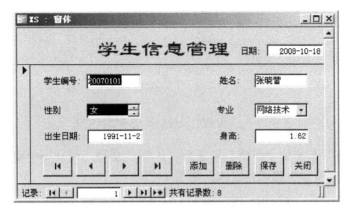

图 4-72 添加两组命令按钮的窗体视图

3. 在 XS 窗体中添加一个矩形框，使命令按钮包含在该矩形框中，如图 4-73 所示。

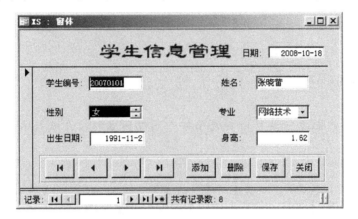

图 4-73 添加矩形框按钮的窗体

4. 新建含有一个命令按钮的窗体，如图 4-74 所示，单击该按钮，打开 XS 窗体。

图 4-74 添加一个含有命令按钮的窗体

4.8.4 复选框、选项按钮、切换按钮和选项组按钮控件

复选框、选项按钮和切换按钮这 3 个控件都可以显示"是/否"数据类型的字段值，如图 4-75 所示。其中复选框可用于多选操作，如精通的语言有中文、英语和德语等；选项按钮可用于单选操作，如性别等；切换按钮与复选框类似，但以按钮的形式表示。

图 4-75　复选框、选项按钮和切换按钮

例 14　"学生"表中的"汉族"字段为"是/否"类型，设计一个窗体 XS1，通过"汉族"选项按钮来确定该学生是否为汉族，如图 4-76 所示。

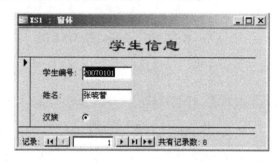

图 4-76　XS1 窗体

分析：在窗体或报表中，可以将选项按钮用做独立的控件来显示记录源的"是"或"否"值。

🐬　**步骤**

（1）新建一个窗体 XS1，设置窗体数据源为"学生"表。

（2）添加"学生信息"标签，再打开"字段列表"窗口，从"字段列表"窗口中分别将"学生 ID"和"姓名"字段拖放到窗体中，并进行属性设置。

（3）按下"工具箱"中的"选项"按钮，从"字段列表"窗口将"汉族"字段拖放到窗体中，产生一个选项按钮，并将标签标题设置为"汉族"，如图 4-77 所示。

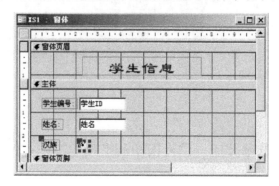

图 4-77　添加的选项按钮控件

在窗体或报表中，可以将复选框用做独立的控件来显示来自基础表、查询或 SQL 语句

中的"是"或"否"值。如果复选框内包含复选标记，则其值为"是"；如果不包含，则其值为"否"。

提示

选项按钮、复选框和切换按钮可以互相转换。例如，如果要将选项按钮转换为复选框和切换按钮，首先单击该选项按钮，再选择"格式"→"更改为"选项，选择"复选框"或"切换按钮"即可。

对于切换按钮，除了设置标题外，还可以建立图片式的切换按钮。方法是打开切换按钮的"属性"窗口，通过"图片"属性打开"图片生成器"对话框，如图 4-78 所示，选择一幅图片即可。

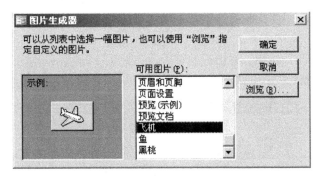

图 4-78　"图片生成器"对话框

例 15　在"学生"表中增加一个"政治面貌"字段，再在 XS1 窗体中添加一个选项组控件，利用该控件来确定"学生"表中"政治面貌"字段值，如图 4-79 所示。

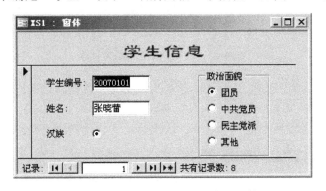

图 4-79　添加选项组按钮控件的窗体

分析：选项组由一个组框架及一个复选框、选项按钮或切换按钮组成。使用选项组可以在窗体或报表中用来显示一组限定性的选项值，每次只能选择一个选项。在输入数据时，使用选项组可以方便地确定字段的值。

步骤

（1）按下"工具箱"中的"控件向导"按钮，单击"选项组"按钮，在窗体要放置选项组的位置，单击并拖动鼠标拉出一个方框至所需大小，此时出现"选项组向导"对话框，在"标签名称"中输入所需的选项值，如图 4-80 所示。

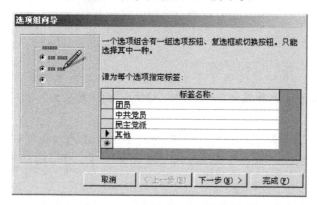

图 4-80　输入选项标签对话框

（2）单击"下一步"按钮，在出现的对话框中指定一个默认的选项（当用户还没有任何选择时，该选项处于选择状态），如果不指定，系统会把第一个值作为默认值，如图 4-81 所示。

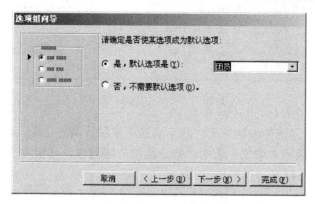

图 4-81　确定默认选项值对话框

（3）单击"下一步"按钮，出现设定选项对应值对话框，当事件发生后，这可用来判断哪个值被选中，如图 4-82 所示。对话框中第一列为选项序列，第二列为选项所对应的数值。向导指定第一个选项所对应的值为 1，依次递增。这里选择系统默认的设定值。

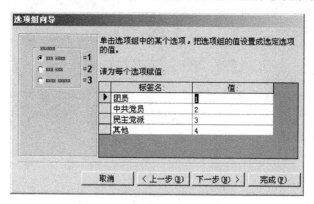

图 4-82　设定选项对应值对话框

（4）单击"下一步"按钮，出现设置保存字段对话框，如图 4-83 所示。选择"在此字段中保存该值"选项，选中的值保存到"政治面貌"字段中。

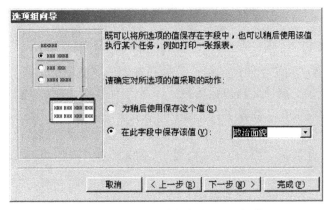

图 4-83 设定选项值的保存字段对话框

（5）单击"下一步"按钮，出现选项组类型和样式对话框，如图 4-84 所示。

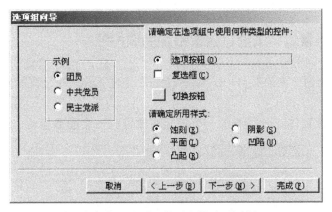

图 4-84 选项组类型和样式对话框

（6）单击"下一步"按钮，在出现的对话框中指定选项组的标题为"政治面貌"，最后单击"完成"按钮，结果如图 4-85 所示。

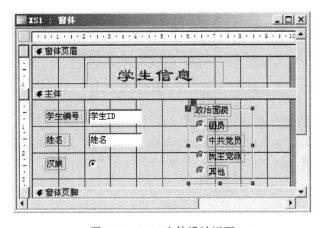

图 4-85 XS1 窗体设计视图

如果选项组绑定到字段，那么只是组框本身绑定到字段，而框内的复选框、切换按钮或选项按钮并没有绑定到字段。因为组框的"控件来源"属性被设为选项组绑定到的字段，所以不能为选项组中的每个控件设置"控件来源"属性。与此相反，应该为每个复选框、切换按钮或选项按钮设置"选项值"（窗体或报表）或"值"（数据访问页）属性。在窗体或报表中，应将控件属性设为对绑定了组框的字段有意义的数字。当在选项组中选择选项时，Access 会将选项组绑定到的字段的值设为已选择选项的"选项值"或"值"属性的值。

"选项值"或"值"属性之所以设为数字，是因为选项组的值只能是数字，而不能是文本。Access 将该数字存储在基础表中。上例中如果要在"学生"表中显示政治面貌的名称而不是"学生"表中的数字，可以创建一个单独的"政治面貌"表来存储政治面貌的名称，然后将"学生"表中的"政治面貌"字段作为"查阅"字段来查找"政治面貌"表中的数据。

📖 **课堂练习**

1. 分别将图 4-78 中的 XS1 窗体中的"汉族"选项按钮更改为复选框和切换按钮。

2. 在例 15 的基础上，再建立一个"政治面貌"表，将"学生"表中的"政治面貌"字段作为"查阅"字段来查找"政治面貌"表中的数据。

4.8.5 绑定对象框、未绑定对象框和图像控件

绑定对象框可在窗体中连接 OLE 对象数据类型的字段，并且将随着记录指针的移动而改变图片内容。

例 16 修改 XS 窗体，分别添加一个绑定对象框和一个图像控件，如图 4-86 所示。

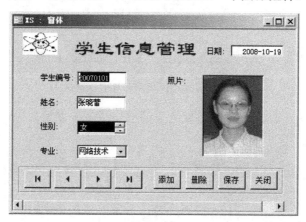

图 4-86 添加绑定对象框和图像控件的 XS 窗体

分析：窗体中的绑定对象存储在表中，随着记录的变化而变化；图像对象可以嵌入或链接到窗体中，嵌入到窗体中的图片是数据库的一个组成部分，而链接到窗体中的图片，会随着源图片的变化而变化。

🐬 **步骤**

（1）打开 XS 窗体设计视图，按下"工具箱"中的"图像"按钮，再在"窗体页眉"

中单击，打开"插入图片"对话框，选择一幅要插入的图片。

（2）设置插入的图片属性，如图 4-87 所示。通过"图片类型"可以设置该图片是"嵌入"还是"链接"方式；在"缩放模式"框中可选择"缩放"、"拉伸"或"剪裁"。

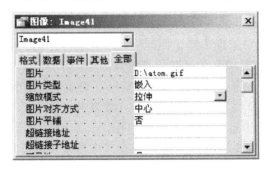

图 4-87 "图像"属性对话框

（3）调整窗体中的控件布局，然后按下"工具箱"中的"图像"按钮，再在窗体"主体"节中拖放鼠标，在窗体中就添加了一个绑定对象框。

（4）设置绑定对象的属性，其中"控件来源"为"照片"字段，如图 4-88 所示。

图 4-88 绑定对象属性对话框

（5）调整控件的布局及对齐方式后，结果如图 4-89 所示。

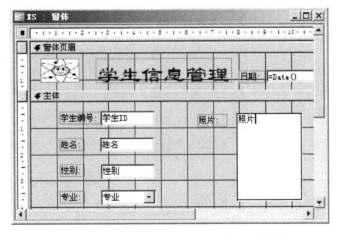

图 4-89 在窗体中添加的绑定对象和图像控件

提示

在窗体的设计视图中，打开"字段列表"窗口，从"字段列表"窗口中将"照片"字段拖放到窗体"主体"节中，这样在窗体中就添加了一个绑定对象框。

未绑定对象框和绑定对象框不同，但同样可以在窗体中插入其他应用软件建立的 OLE 对象，只不过该 OLE 对象并没有连接到表或查询中的字段上，因此，它是较为独立的控件。未绑定对象框的内容并不会随着记录指针的移动而改变，因而如果想在任何时候都看到该控件的内容，最好将其加在窗体页眉或窗体页脚节中。

如果将图像控件和未绑定对象加入的图片相比，前者显示图片的速度较快，适合保存不需要更新的图片；而后者的优点是可直接在窗体中修改（双击），而且图片只是未绑定对象支持的数据类型之一，用户可以根据具体的需要来选择使用。

📖 **课堂练习**

在 XS1 窗体中分别添加一个绑定对象框、未绑定对象框和图片控件，窗体控件要布局合理、美观。

4.8.6　选项卡控件

创建一页以上的窗体有两个方法：使用选项卡控件或分页控件。使用选项卡控件创建多页窗体是最容易且最有效的方法。使用选项卡控件，可以将独立的页全部创建到一个控件中。如果要切换页，单击其中某个选项卡即可。

例 17　设计一个包含两个页面的选项卡窗体，第 1 页显示"学生"表的有关信息，第 2 页显示学生成绩的有关信息，分别如图 4-90 和图 4-91 所示。

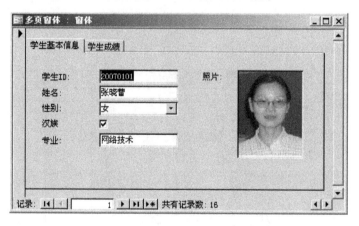

图 4-90　"学生基本信息"页面窗体

分析：使用选项卡控件可以用来构建含若干个页的单个窗体或对话框，每页一个选项卡，每个选项卡都包含类似的控件，如文本框或选项按钮。当用户单击选项卡时，所在页就被转入活动状态。

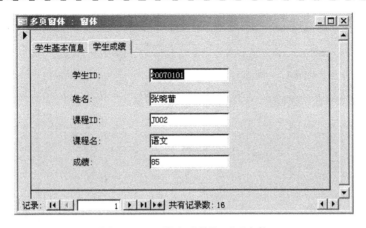

图 4-91　"学生成绩"页面窗体

步骤

（1）新建一个窗体，在设计视图中设置窗体的数据源为"学生"表、"课程"表、"课程名称"表和"成绩"表，4 个表已建立了一对多关联。

（2）按下"工具箱"中的"选项卡控件"按钮，然后在设计视图中单击，系统将自动添加两个页面的选项卡，标题分别默认为"页 1"和"页 2"。打开属性对话框，分别将两个选项卡的"标题"设置为"学生基本信息"和"学生成绩"。

（3）打开"字段列表"窗口，从"字段列表"窗口中将"学生"表中的部分字段拖放到第 1 个页面，如图 4-92 所示。用同样的方法将学生成绩的有关字段拖放到第 2 个页面，并适当调整各控件的大小和位置，如图 4-93 所示。

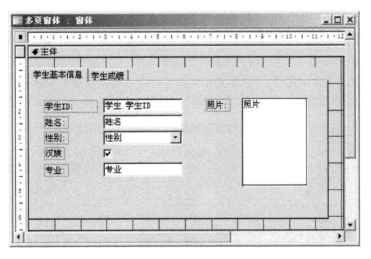

图 4-92　"学生基本信息"页面窗体设计视图

提示

如果要增加或删除页面，可在设计视图中用鼠标右键单击页头标题处，从弹出的快捷菜单中选择"插入页"命令，则可插入一个新页；选择"删除页"命令，则可将当前页删除。

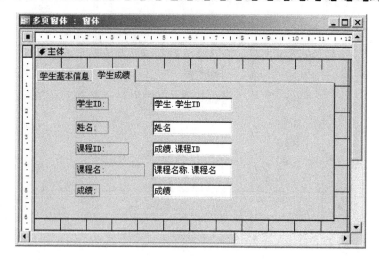

图 4-93   "学生成绩"页面窗体设计视图

可以使用分页控件在窗体上的控件之间标识水平方向的中断。当按【Page Up】或【Page Down】键时，Access 将滚动到分页控件之前或分页控件之后的页。

📖 **课堂练习**

创建一个含有学生基本信息、学生成绩和授课教师信息 3 个页面的窗体。

4.9 创建子窗体

子窗体是窗体中的窗体，包含子窗体的窗体称为主窗体。子窗体一般用于显示具有一对多关系的表或查询中的数据。主窗体用于显示具有一对多关系的"一"方，子窗体用于显示具有一对多关系的"多"方。当主窗体中的记录变化时，子窗体中的记录也发生相应的变化，主窗体和子窗体彼此相关联。主窗体中可以包含多个子窗体，子窗体中可以再包含子窗体。

例 18   创建一个主窗体"学生基本信息"和子窗体"各科成绩"，如图 4-94 所示。

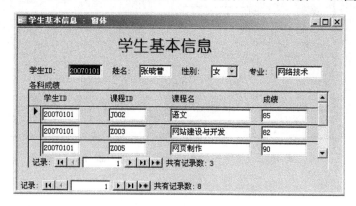

图 4-94   主/子窗体

分析：在 Access 中创建子窗体可以使用窗体向导或子窗体向导来创建。

步骤

（1）新建子窗体。使用窗体向导快速新建一个表格式窗体"各科成绩"，如图 4-95 所示，窗体数据源为"成绩"和"课程名称"表。

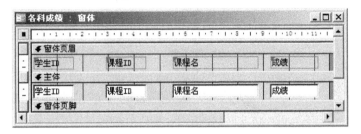

图 4-95　"各科成绩"窗体设计视图

（2）新建主窗体。设置"学生"表为窗体数据源，添加标签及字段控件，并调整控件的大小和位置，设置字体、字号，如图 4-96 所示。

图 4-96　"学生基本信息"窗体设计视图

（3）按下"工具箱"中的"控件向导"按钮，单击"子窗体/子报表"按钮，在窗体"主体"节的适当位置单击，这时子窗体向导被启动，打开如图 4-97 所示的对话框，选择现有的窗体"各科成绩"。

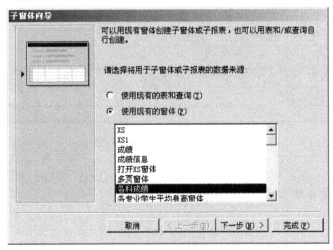

图 4-97　选择子窗体对话框

（4）单击"下一步"按钮，出现如图 4-98 所示的对话框。选择"从列表中选择"选项，两个窗体通过"学生 ID"字段建立关联。

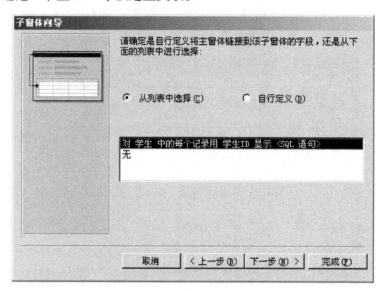

图 4-98　设置将主/子窗体关联字段

（5）单击"下一步"按钮，给子窗体指定一个标题，标题名称为"各科成绩"，最后单击"完成"按钮。这时会在主窗体上添加一个"各科成绩"子窗体，如图 4-99 所示，并使主窗体和子窗体保持着记录同步。

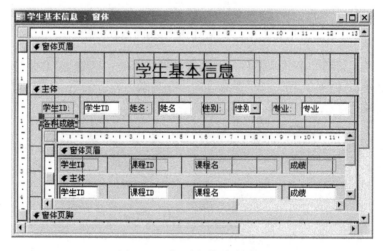

图 4-99　主/子窗体设计视图

打开主窗体后，通过主窗体的记录导航按钮可以浏览各学生的成绩，通过子窗体的记录导航按钮可以浏览该学生各门课程的成绩。

 提示

除了使用向导创建子窗体外，用户还可以自定义子窗体。方法是在主窗体中添加一个子窗体控件（不启动子窗体向导），再打开子窗体"属性"对话框，分别设置"源对象"、"链接子字段"和"链接主字段"属性，从而建立子窗体。

  📖 **课堂练习**

修改例 18 窗体中的子窗体，使子窗体还包含每门课程的授课教师，授课教师来自"教师"表。

习题

一、填空题

1. Access 提供了_____、_____、_____、_____、_____和_____等多种类型的窗体。

2. 窗体的数据来源可以是表或_____。

3. 在 Access 2003 数据库中，窗体视图有_____、_____、_____、_____和_____5 种。

4. 一个窗体主要由_____、_____、_____、_____和_____5 个节组成，其中_____是窗体的核心。

5. 系统提供的自动创建窗体有_____、_____、_____、_____和_____5 种类型。

6. 创建图表窗体时，使用的字段个数最多是_____个。

7. 在 Access 中控件根据数据来源及属性不同，可以分为_____、_____和_____3 种类型。

8. 在窗体中插入的图片，其"图片类型"属性有_____和_____两种方式，"缩放模式"属性有_____、_____和_____3 种模式。

二、选择题

1. 以表格的形式显示多条记录，这种窗体是（　　　　）。
   A．纵栏式窗体   B．表格式窗体   C．图表窗体   D．数据透视表

2. 下面关于窗体的作用叙述错误的是（　　　　）。
   A．可以接收用户输入的数据或命令   B．可以编辑、显示表中的数据
   C．可以构造方便、美观的输入/输出界面   D．可以直接存储数据

3. 在窗体中主要用来设置显示表或查询中的字段、记录等信息，也可以设置其他一些控件，它是窗体不可或缺的节，该节称为（　　　　）。
   A．窗体页眉   B．页面页眉   C．页面页脚   D．主体

4. 窗体是由不同的对象所组成的，每一个对象都有自己独特的（　　　　）。
   A．字段窗口   B．工具栏窗口   C．属性窗口   D．节窗口

5. 不能用来显示"是/否"数据类型的数据控件是（　　）。
　　A. 命令按钮　　　　　B. 复选框　　　　C. 选项按钮　　　D. 切换按钮
6. 不支持图像控件显示模式的一项是（　　）。
　　A. 剪裁　　　　　　　B. 缩放　　　　　C. 拉伸　　　　　D. 显示比例
7. 属于交互式控件的是（　　）。
　　A. 命令按钮控件　　　B、文本框控件　　C. 标签控件　　　D. 图像控件
8. 下面关于子窗体的叙述正确的是（　　）。
　　A. 子窗体只能显示为数据表窗体　　　B. 子窗体里不能再创建子窗体
　　C. 子窗体可以显示为表格式窗体　　　D. 子窗体可以存储数据

上机操作

一、操作要求

1. 创建简单的窗体。
2. 创建图表窗体。
3. 创建数据透视表窗体。
4. 使用设计视图窗体。
5. 设置窗体及节的基本属性。
6. 窗体控件的使用。
7. 创建子窗体。

二、操作内容

1. 使用自动创建窗体功能，创建一个基于"图书"表的纵栏式窗体。
2. 使用"窗体向导"创建一个基于"图书"表的窗体。
3. 使用"窗体向导"创建具有一对多关系表的窗体，数据选取"出版社"表中的"出版社 ID"、"出版社"、"出版社主页"字段和"图书"表中的"图书 ID"、"书名"、"作译者"、"定价"、"出版日期"、"版次"字段。
4. 创建一个图表窗体，包含"订单"表中的"订单 ID"、"单位"、"册数"和"图书 ID"字段。
5. 创建一个基于"订单"表的数据透视表。
6. 创建一个基于"订单"表的数据透视图。
7. 使用设计视图创建一个窗体，窗体中含有"订单"表中的"订单 ID"、"单位"、"图书 ID"、"册数"字段和"图书"表中的"书名"、"作译者"、"定价"、"出版社 ID"字段。
8. 修饰上题创建的窗体，设置控件字体（标签为黑体，文本框、组合框为方正姚体）、字号（11）、颜色（标签为蓝色，文本框、组合框为红色），并设置窗体背景。
9. 使用设计视图创建窗体，如图 4-100 所示，分别添加标签和文本框控件，数据源为"图书"表。

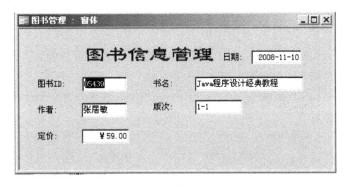

图 4-100 "图书管理"窗体 1

10．在上题创建的窗体基础上，分别添加组合框和命令按钮控件，并实现相应的功能，如图 4-101 所示。

图 4-101 "图书管理"窗体 2

11．修改上题创建的窗体，如图 4-102 所示。

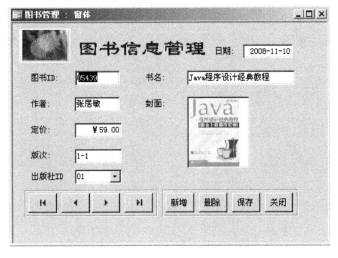

图 4-102 "图书管理"窗体 3

12. 创建一个如图 4-103 所示的作者信息窗体。

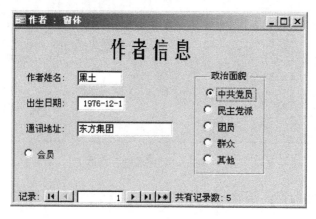

图 4-103 "作者信息"窗体

13. 设计一个包含两个页面的选项卡窗体，第 1 页显示"图书"表的记录，第 2 页显示"出版社"表的记录，如图 4-104 所示。

图 4-104 "选项卡"窗体

14. 创建一个主/子窗体，主窗体显示图书信息，子窗体中显示订购该图书的订单信息。

第5章 报表设计

学习目标

◇ 能够创建简单的报表
◇ 能使用设计视图创建报表
◇ 了解报表的结构
◇ 能使用常用的报表控件
◇ 会在报表中对数据进行分组
◇ 能在报表中统计汇总数据
◇ 会创建子报表
◇ 能设计较复杂的报表
◇ 能预览和打印报表

使用数据库的主要目的之一是为了获得丰富的数据，并将数据以报表的形式打印出来。一般说来，报表应具备以下功能。

● 报表不仅可以打印和浏览原始数据，还可以对原始数据进行比较、汇总和小计，并把结果也打印出来。
● 利用报表控制信息的汇总，以多种方式对数据进行分组和分类，然后再以分组的次序打印数据。
● 利用报表可以生成清单、标签和图表等形式的输出内容，从而可以更方便地处理商务。
● 报表输出内容的格式可以按照用户的需求定制，从而使报表更美观，更易于阅读和理解。
● 在报表上可以添加页眉和页脚，还可以利用图形、图表帮助说明数据的含义。

报表还实现了传统媒体与现代媒体在信息传递和共享方面的结合，利用报表可以将数据库中的信息传递给其他用户。

5.1 创建简单报表

在 Access 数据库中，系统也为创建报表提供了方便的向导功能，利用"自动创建报表"和"报表向导"可以快速创建报表。

5.1.1　自动创建报表

使用"自动创建报表"可以快速创建一个具有基本功能的报表，它分为纵栏式报表和表格式报表两种格式。

例 1　以"学生"表为数据源，自动快速创建一个纵栏式报表。

分析：如果用户对报表没有特殊的要求，使用自动创建报表可以快速创建一个报表，但报表的数据源必须来自一个表或查询。

步骤

（1）在数据库窗口选择"报表"对象，单击"新建"按钮，打开"新建报表"对话框，选择"自动创建报表：纵栏式"选项，并选择"学生"表作为数据源，如图 5-1 所示。

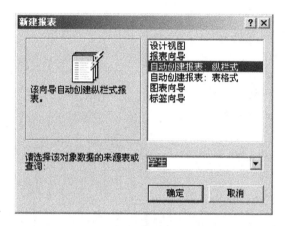

图 5-1　"新建报表"对话框

（2）单击"确定"按钮，系统自动创建纵栏式"学生"报表，如图 5-2 所示。

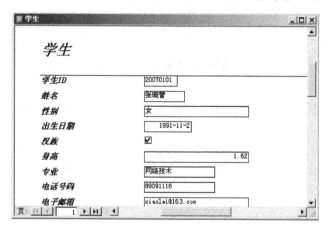

图 5-2　纵栏式"学生"报表

在使用"自动创建报表：纵栏式"所创建的报表中，每个字段一行，字段框的宽度系统自动给出。报表中的字段先后顺序将根据各字段在源表或查询中的排列顺序依次列出。

5.1.2　使用向导创建报表

例 2　以"学生"表为数据源创建报表，按专业进行分类，并且统计平均身高。

分析： 如果要在报表中进行分类和汇总，可以使用报表向导快速生成报表。

步骤

（1）在"新建报表"对话框中，选择"报表向导"，单击"确定"按钮，打开"报表向导"对话框，选择"学生"表为数据源，并将"学生 ID"、"姓名"、"性别"、"专业"和"身高"字段添加到"选定的字段"列表框中，如图 5-3 所示。

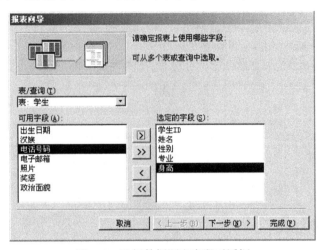

图 5-3　选择数据源和字段对话框

（2）单击"下一步"按钮，打开分组级别对话框。从左侧列表框中选择"专业"为分组字段，字体显示为蓝色，如图 5-4 所示。报表将以该字段为标准，将所有该字段值相同的记录作为一组。

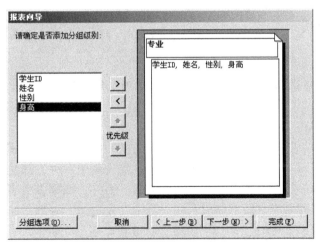

图 5-4　设置报表分组级别对话框

🐦 **提示**

在为报表添加分组级别时，可以选择多个字段进行多级分组。系统将先按照分组级别高的字段分组，在该字段值相同时，按分组级别下一个字段分组，以此类推。

设置分组级别后，单击"分组选项"按钮，打开"分组选项"对话框来选择分组时的不同间隔方式。不同类型的字段有不同的间隔方式。例如，字符型字段有普通、第一个字母、两个首写字母、三个首写字母等间隔方式；数字型字段有普通、10s、50s、100s 等间隔方式；日期/时间型字段有年、季、月、周、日、时、分等间隔方式。

（3）单击"下一步"按钮，出现报表排序对话框，用以确定排序次序和数据汇总，如图 5-5 所示。例如，按"性别"字段升序排序。

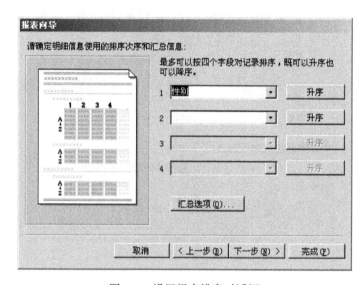

图 5-5　设置报表排序对话框

🐦 **提示**

在设置排序字段时，最多可按照 4 个字段进行排序。当排序的第一个字段值相同时，再按第二个字段排序，以此类推。

（4）单击"汇总选项"按钮，打开"汇总选项"对话框，确定数值字段的汇总方式，包括"汇总"、"平均"、"最小"和"最大"及"显示"方式，如图 5-6 所示。例如，选择"平均"方式，再单击"确定"按钮。

（5）单击"下一步"按钮，出现报表布局方式对话框，如图 5-7 所示。布局有"递阶"、"块"、"分级显示"、"左对齐"等 6 种方式，每选其中一种，都会在窗口左边显示对应的布局方式。方向分"纵向"和"横向"两种方式。另外，如果表中字段所占空间较大，可选择"调整字段宽度使所有字段都能显示在一页中"复选框，否则，如果报表中的字段总长超过系统默认的纸张总宽度时，多余字段将显示或打印在另一页上。

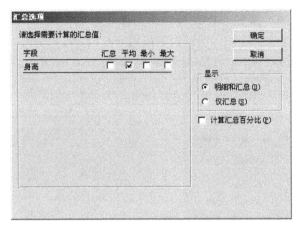

图 5-6　"汇总选项"对话框

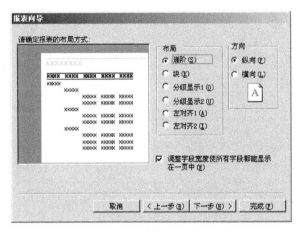

图 5-7　设置报表布局方式对话框

（6）单击"下一步"按钮，出现报表样式对话框，如图 5-8 所示。样式有"大胆"、"正式"、"淡灰"、"紧凑"、"组织"和"随意"6 种类型，每选中其中的一种样式，都会在窗口左边显示它的样式预览。例如，选择"紧凑"样式。

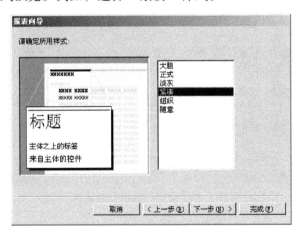

图 5-8　设置报表样式对话框

（7）单击"下一步"按钮，出现为创建的报表指定标题对话框，如指定报表标题为"学生信息"。单击"完成"按钮，预览报表如图 5-9 所示。

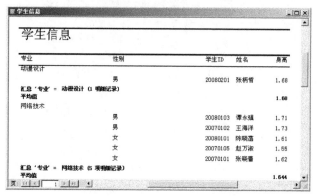

图 5-9　"学生信息"预览报表

在该报表中按"专业"分类报表，并且统计出每个专业学生的平均身高，如网络技术专业学生的平均身高为 1.644 米。

 相关知识

图 表 报 表

使用图表向导可以创建多种形式的图表报表，如柱形图、饼形图、三维面积图、折线图、环形图和气泡图等。下面以使用"图表向导"创建一个基于"学生"表的各专业学生平均身高的图表报表为例，介绍图表报表的创建方法。

（1）在"新建报表"对话框中，选择"图表向导"选项，并选择"学生"表为数据源，单击"确定"按钮，打开"图表向导"对话框，将"专业"、"性别"和"身高"字段添加到"用于图表的字段"框中。

（2）单击"下一步"按钮，打开选择图表类型对话框，如图 5-10 所示，选择"三维柱形图"。

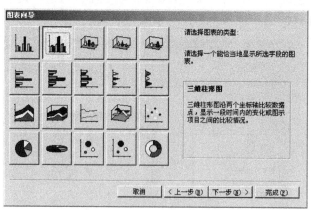

图 5-10　设置图表类型对话框

（3）单击"下一步"按钮，打开设置图表布局对话框，如图 5-11 所示。该对话框主要是对图表的布局进行设置，拖动字段到相应的区域。图表主要分成 3 个区域：轴、数据和系

列。"轴"（横轴）一般设置为日期型或文本型字段，且只能设置一个字段；"数据"（纵轴）一般是一个数字型字段或某些字段的统计数据，可以设置多个字段；"系列"只能设置一个字段或者不设字段。

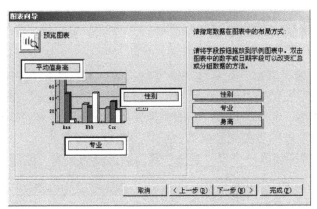

图 5-11　设置图表布局对话框

　　双击数据区域的"求和身高"字段，出现"汇总"对话框，可以从对话框中设置平均值。布局设置后，单击左上角的"预览图表"按钮，打开"示例预览"窗口，在该窗口中显示图表的样式，如果还需改动，可关闭窗口重新进行设置。

　　（4）单击"下一步"按钮，打开为图表指定标题对话框。例如，指定标题"各专业学生平均身高图表"。最后单击"完成"按钮，预览创建的图表报表，如图 5-12 所示。

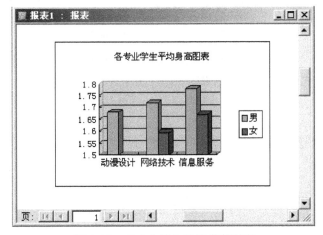

图 5-12　各专业学生平均身高图表

　　在该图表中，纵轴表示平均身高，横轴为各不同专业，不同的颜色代表男女学生，用柱形的高低来表示平均身高的多少，这样便于粗略比较。

　　如果要修改已经设计好的图表，可以在报表设计视图中打开该报表，双击图表的不同区域，系统将自动打开不同的对话框，如数据表、数据系列格式、坐标轴格式、图例格式和图表区格式等。

📖 **课堂练习**

1. 利用"自动创建报表"创建一个以"学生"表为数据源的表格式报表，并比较与纵栏式报表的区别。

2. 以"学生"表为数据源创建报表，按性别分类，并且统计平均身高。

5.2　使用设计视图创建报表

使用设计视图创建报表时，先新建一个空白报表，其次指定报表的数据来源，然后添加各种报表控件，最后设置报表分组、计算汇总信息等。通常只有简单的报表才会使用设计视图从空白开始来创建一个新的报表，一般是先使用向导创建报表的基本框架，再切换到设计视图对所创建的报表进一步美化和修饰，使其功能更加完善。

例3　使用设计视图创建一个以"学生"表为数据源的报表，如图5-13所示。

图5-13　"学生信息1"报表

分析：该报表以"学生"表为数据源，报表中的字段需要自己确定，如同创建窗体一样，从"字段列表"中将字段拖放到报表设计视图中，即可创建报表。

步骤

（1）在"新建报表"对话框中单击"设计视图"按钮，并选择"学生"表为数据源，打开一个空白报表设计视图，如图5-14所示。

图5-14　报表设计视图窗口

（2）从"字段列表"中将报表所需的字段拖放到"主体"节中，如图5-15所示。

图 5-15　添加字段的设计视图

（3）调整各控件的位置，利用"格式"菜单中的对齐、垂直间距等命令，设置报表的整体布局。以"学生信息 1"为名称保存当前创建的报表。

5.3　报表结构

报表设计视图在默认方式下由"页面页眉"、"主体"和"页脚页眉"3 个节组成，如图 5-14 所示。在"视图"菜单中选择"报表页眉/页脚"选项，可以添加"报表页眉"和"报表页脚"两个节。在分组报表时，还可以增加相应的组页眉和组页脚，如图 5-16 所示。

图 5-16　报表结构

1．报表页眉

报表页眉是整个报表的页眉，显示或打印在报表的首部，它的内容在整个报表中只显示或打印一次，常用来存放整个报表的内容，如公司名称、标志、制表时间和制表单位等。报表页眉和报表页脚的添加和删除总是成对进行的，不能分开。

2. 页面页眉

页面页眉中的内容显示在每一页的最上方。主要作用是用来显示字段标题、页号、日期和时间。一个典型的页面页眉包括页数、报表标题和字段选项卡等。页面页眉和页面页脚的添加和删除总是成对出现的，不能分开。

3. 主体

主体是报表的主要部分。可以将工具箱中的各种控件添加到主体中，也可将数据表中的字段直接拖放到主体中用来显示数据内容。

主体是报表的关键部分，不能删除。如果特殊报表不需要显示主体，可以在其属性窗口中将其主体"高度"属性设置为"0"。

4. 页面页脚

页面页脚中的内容将显示在每一页的最下方。主要用来显示页号、制表人、审核人或其他信息。在一个较大的报表主体中可能会有很多记录，这时通常将报表主体中分组的记录总数也显示在页面页脚中。

5. 报表页脚

报表页脚只显示在整个报表的末尾，但它并不是显示在整个报表的最后一节，而是显示在最后一页的页面页脚之前。它主要是用来显示有关数据的统计信息，如总计、平均值等信息。

6. 组页眉和组页脚

在分组报表中将会自动显示组页眉和组页脚。组页眉显示在记录组开头，可以利用组页眉显示整个组的内容，如组名称。组页脚显示在记录组的末尾，可以利用组页脚显示组的总计等内容。

 相关知识

报表属性设置

1. 设置报表属性

报表属性对话框包含"格式"、"数据"、"事件"、"其他"和"全部"5个选项卡。在"视图"菜单中选择"属性"选项，将打开报表"属性"对话框（或双击报表设计视图左上角的"报表选择器"），如图 5-17 所示。通过"属性"窗口可以设置不同的属性。由于报表属性的设置与窗体属性的设置类似，这里不再一一介绍了。

双击报表中不同的节或控件，将打开不同的属性窗口。

2. 设置节的高度和宽度

报表中各个节的大小可以根据要求来设置。节的大小可以在节的属性窗口中进行精确数值设置，但更为简单的方法是直接使用鼠标调整节的高度和宽度。

图 5-17 报表 "属性" 对话框

3. 修改布局

在创建报表的过程中，一般需要对添加到报表中的控件进行修改和调整。通过 "格式" 菜单中的各选项可以实现对控件的调整，包括设置控件的字体、字号、对齐方式、大小、水平间距和垂直间距等。

另外，打开控件 "属性" 窗口，还可以设置控件的外观、颜色、透明度和特殊效果等，如图 5-18 所示。

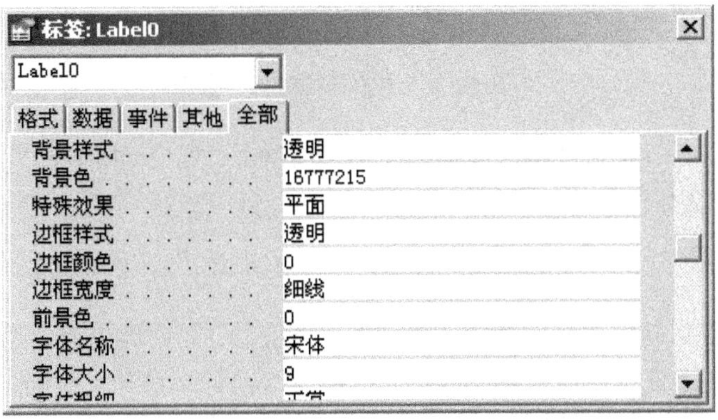

图 5-18 控件 "属性" 窗口

4. 设置报表背景

在进行报表设计时，根据需要还可以给报表加上背景图案和背景颜色来美化报表，使报表更为生动、美观。

在报表 "属性" 窗口中，通过 "全部" 选项卡中的 "图片" 选项，可选择报表的背景图片。图片的类型可以选择 "嵌入" 或 "链接" 方式，还可以选择背景图片的缩放模式，包括 "剪裁"、"拉伸" 或 "缩放"，这与静态图片中的缩放模式一致，只是这里的图片区域是整个报表页面，而静态图片一般小于整个报表，并置于报表中的某个位置。

作为背景的图片可以不是一幅完整的图像，可以是由一块小图像 "铺" 成的，因为这种方式的存储量较小，而且在适当的设计下，小图形的组合外观效果也很好。

同样还可以选择背景图片出现在"所有页"、"第一页"或"无"（不出现背景图片）。

5.4   报表控件的使用

5.4.1   添加报表控件

Access 为报表提供的控件有标签、文本框、组合框、列表框、命令按钮、图像、绑定或非绑定对象等，使用方法与窗体控件的使用方法类似。

例 4 设计一个以"学生"表为数据源，如图 5-19 所示的"学生基本信息"报表。

			学生基本信息				2008-10-25
学生编号	姓名	性别	出生日期	汉族	身高	电话号码	
2007010	张晓蕾	女	1991-11-2	☑	1.62	89091118	
2007010	王海洋	男	1991-7-15	☑	1.73	130016871	
2007010	赵万淑	女	1991-8-17	☐	1.55	84600973	
2007021	孙大鹏	男	1991-1-10	☑	1.78	82687126	

图 5-19   "学生基本信息"报表

分析：该报表以"学生"表为数据源，报表中的控件（如标签、文本框、图片和直线等）布局及属性需要自行设计。

步骤

（1）添加标签。新建一个空白报表，添加"报表页眉/页脚"节，按下"工具箱"中的"标签"按钮 **Aa**，再将鼠标指针拖到报表的"报表页眉"节中，按下左键并拖动鼠标，产生一个空白标签。在空白标签中输入标签标题"学生基本信息"，并设置其字体大小（如隶书、20 号）等属性。用同样的方法在"页面页眉"节中添加报表中其他标签，如学生编号、姓名等，如图 5-20 所示。

图 5-20   添加标签的报表

（2）添加字段控件。在报表属性"全部"选项卡中，通过"记录源"来设置报表数据源为"学生"表。分别将"字段列表"中的"学生 ID"、"姓名"、"性别"、"出生日期"、"汉族"、"身高"和"电话号码"字段拖放到"主体"节中,并删除各文本框的附加标签,结果如图 5-21 所示。

图 5-21 添加字段控件后的报表设计视图

(3)添加图片和直线。在报表设计视图中按下"工具箱"中的"图像"按钮 ,在要放置图像的"报表页眉"中单击鼠标,打开"插入图片"对话框。指定图像文件的来源后,就在报表设计视图上创建了一个图像控件,并显示所选定的图片内容。

按下"工具箱"中的按钮 ＼,在"页面页眉"节字段控件上下各添加一条直线,并分别设置"边框宽度"属性为"2 磅"和"1 磅";然后再在"报表页眉"节中添加文本框,控件来源为"=Date()",长日期格式,如图 5-22 所示。

图 5-22 添加图片与直线后的报表设计视图

(4)切换到打印预览视图,观察设计的结果,并以"学生基本信息"保存该报表。

5.4.2 报表数据排序与分组

报表中的数据排序一般用于整理数据记录,便于查找或打印。分组就是将报表中具有共同特征的相关记录排列在一起,并且可以为同组记录设置要显示的汇总信息。可以根据数据库中不同类型的字段对记录进行分组。

例 5 修改"学生基本信息"报表,按"专业"进行分组,如图 5-23 所示。

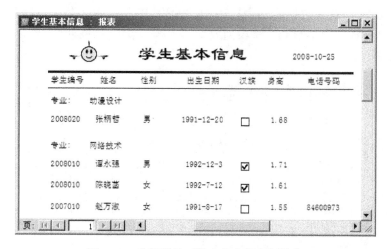

图 5-23　分组后的"学生基本信息"报表

分析：该报表按"专业"字段进行分组，使专业相同的记录排在了一起。在报表设计视图中选择"视图"菜单中的"排序与分组"命令或单击工具栏上的"排序与分组"按钮，在打开的"排序与分组"对话框的"字段/表达式"列中选择要排序依据的字段或表达式，在"排序次序"列中指定"升序"或"降序"。

步骤

（1）打开"学生基本信息"报表设计视图，单击工具栏上的"排序与分组"按钮，打开"排序与分组"对话框，设置用于分组的字段。例如，按"专业"字段升序分组，并将"组属性"的"组页眉"和"组页脚"分别设置为"是"，如图 5-24 所示。这时在报表设计视图中会增加一个组页眉和一个组页脚。

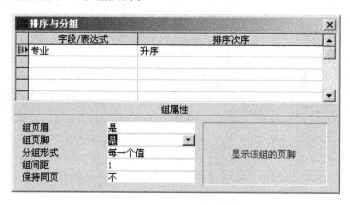

图 5-24　"排序与分组"对话框

（2）从"字段列表"中将"专业"字段拖放到"专业页眉"节中，并设置其属性（如"隶书"字体，12 号），设计结果如图 5-25 所示。

（3）切换到打印预览，可以观察到报表中的记录已按"专业"字段进行了分组。

同样可以设置按多个字段进行分组，在已对第一个字段分组的前提下，再对同组中的记录按第二个字段进行分组，以此类推。

图 5-25　设置分组后的设计视图

5.4.3　报表数据统计汇总

在报表中有时需要对报表分组中的数据或整个报表数据进行汇总。数据汇总分为两种，一种是按组汇总，另一种是对整个报表进行汇总。

如果要汇总每个组的数据，则在组页眉或组页脚中添加一个文本框，在该文本框中输入计算表达式。如果要汇总整个报表的数据，则可以在报表页眉或报表页脚中添加计算文本框，以输出显示所需要的数据。在报表中常用的统计汇总函数及功能如表 5-1 所示。

表 5-1　报表中常用的统计汇总函数及功能

函　　数	功　　能
Sum()	计算所有记录或记录组中指定字段值的总和
Avg()	计算所有记录或记录组中指定字段值的平均值
Min()	计算所有记录或记录组中指定字段值的最小值
Max()	计算所有记录或记录组中指定字段值的最大值
Count()	计算所有记录或记录组中指定记录的个数

例 6　修改"学生基本信息"报表，按"专业"字段进行分组，并分别统计各个分组的平均身高和最高身高，以及全部学生的平均身高，如图 5-26 所示。

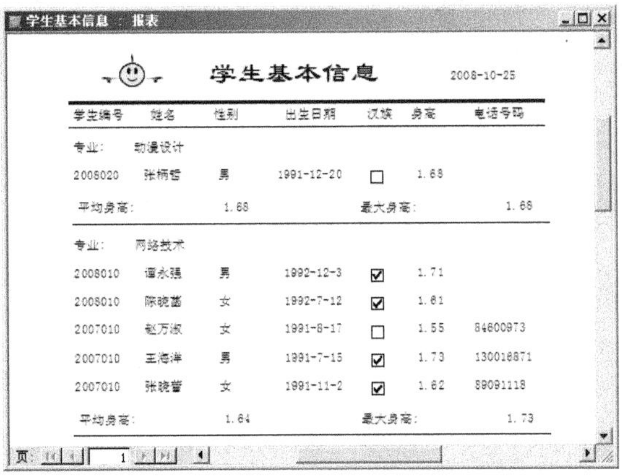

图 5-26　报表中数据的统计汇总

分析：该报表在"专业"分组的基础上，分别统计各个分组的平均身高和最高身高，以便了解各专业学生的身高及最高身高情况。该报表用到了分组统计汇总和整个报表统计汇总。分组汇总时需要用到表达式，在文本框中输入计算表达式时，要在函数或表达式的前面加上等号"="。

步骤

（1）报表数据分组统计汇总。在"学生基本信息"报表设计视图中，按下"工具箱"中的"文本框"按钮 abl ，在"专业页脚"节中添加一个文本框，并将文本框的附加标签标题修改为"平均身高:"，在文本框中输入计算表达式"=Avg（[身高]）"，并将其"格式"属性设置为"固定"；用同样的方法添加"最大身高"文本框控件，然后在"专业页脚"节中添加的控件下面添加一条直线。

（2）对整个报表统计汇总。在"报表页脚"节中添加文本框，将其附加标签标题修改为"总平均身高:"，文本框的计算表达式为"=Avg（[身高]）"，并将其"格式"属性设置为"固定"；用同样的方法添加"最大身高"文本框控件，设计结果如图 5-27 所示。

图 5-27　统计汇总后的报表设计视图

（3）切换到打印预览，观察报表中的数据是否已经分组，并对身高进行了统计汇总。

课堂练习

1. 以"学生"表、"成绩"表、"课程"表及"课程名称"表为数据源，设计一个学生成绩报表。

2. 修改上述报表，要求按"专业"、"学生 ID"字段进行分组，并按升序排序输出数据，报表如图 5-28 所示，报表设计视图如图 5-29 所示。

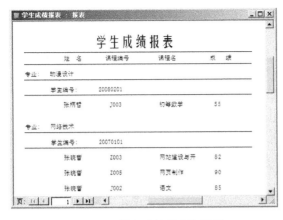

图 5-28 "学生成绩报表"视图

图 5-29 "学生成绩报表"设计视图

3. 修改上述报表，统计各学生的平均成绩。

4. 在报表中插入一幅图片作为报表背景，图片自选。

5.5 创建子报表

在复杂的报表中，为了将数据以更加清晰的结构显示出来，可以在报表中添加子报表。子报表是一个插入到另一个报表中的报表。在报表中加入子报表后称为多个报表的组合，其中包含子报表的报表为主报表。主报表可以是绑定型的也可以是非绑定型的。非绑定的主报表与子报表没有直接的关系。如果子报表中的数据与主报表的数据相关联，则应该使用绑定型主报表。

例 7 先创建一个"学生成绩"报表，然后将该报表作为子报表添加到"学生成绩管理"报表中，如图 5-30 所示。

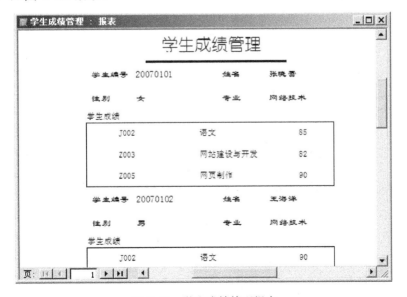

图 5-30 学生成绩管理报表

分析："学生成绩管理"主报表中含有学生的有关信息，"学生成绩"子报表对应的是学生的各科考试成绩，这样便于查看每个学生的基本信息及考试成绩。创建子报表可以使用"工具箱"中的"子窗体/子报表"控件创建或在数据库窗口中将作为子报表的报表直接拖放到主报表中。

步骤

（1）创建"学生成绩"子报表。"学生成绩"子报表中的数据来源于"成绩"表、"课程"表和"课程名称"表。因此，先创建学生成绩查询，如图 5-31 所示，查询中应至少包含子报表所需的全部字段。

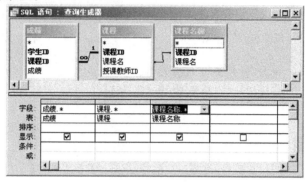

图 5-31　学生成绩查询设计视图

创建"学生成绩"子报表。设置该报表的数据源后，创建一个如图 5-32 所示的"学生成绩"报表，其设计视图如图 5-33 所示。

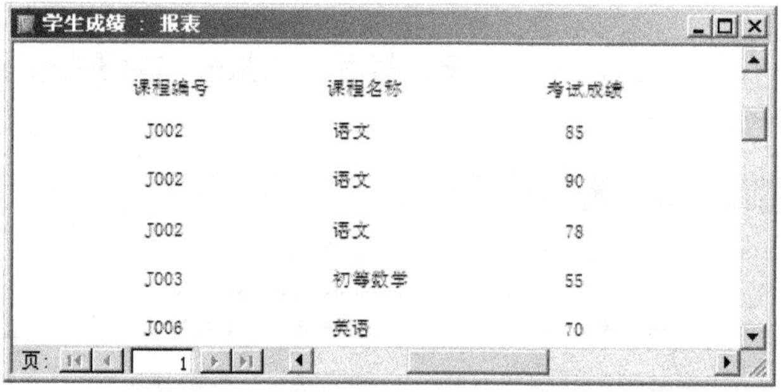

图 5-32　"学生成绩"报表

图 5-33　"学生成绩"报表设计视图

（2）创建"学生成绩管理"报表。以"学生"表为数据源，创建"学生成绩管理"报表，如图 5-34 所示。

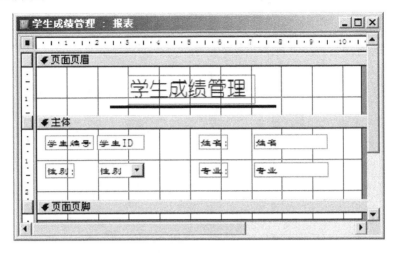

图 5-34 "学生成绩管理"报表设计视图

分别设置标签"学生成绩管理"的属性（幼圆、18 号）和字段控件的属性（隶书、10号）。

（3）将"学生成绩"报表设置为"学生成绩管理"报表的子报表。打开"学生成绩管理"报表设计视图，按下"工具箱"中的"子窗体/子报表"按钮（先按下"控件向导"按钮），在"主体"节中单击鼠标，打开"子报表向导"对话框，如图 5-35 所示。选择"使用现有的报表和窗体"选项，在列表框中选择"学生成绩"报表。

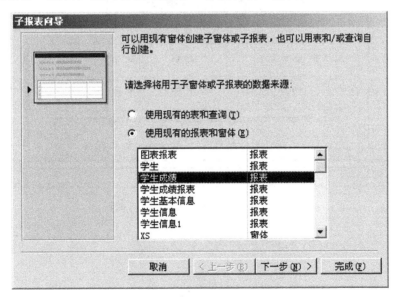

图 5-35 "子报表向导"对话框

单击"下一步"按钮，打开定义关联字段对话框，如图 5-36 所示。

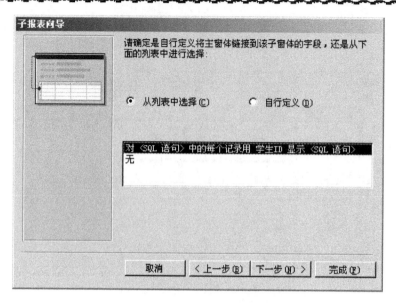

图 5-36　设置关联字段对话框

　　单击"下一步"按钮，出现指定子报表名称对话框。单击"完成"按钮，报表设计视图如图 5-37 所示。

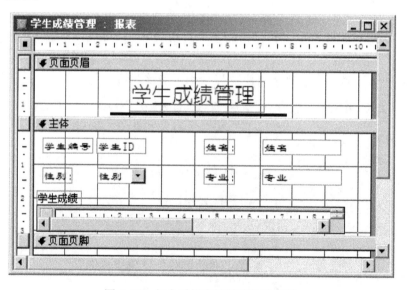

图 5-37　包含子报表的报表设计视图

　　（4）报表打印预览，结果如图 5-30 所示。

5.6　报表综合应用设计

　　例 8　创建一个窗体，在报表打印时指定学生的学生编号，然后输出该学生的基本信息和考试成绩，窗体如图 5-38 所示。

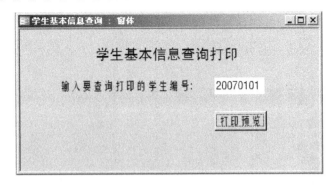

图 5-38   "学生基本信息查询"窗体

分析：通过窗体输入学生编号，然后输出该学生的基本信息和考试成绩。因此，报表的内容是动态的，每次根据窗体的输入来输出，这就需要建立一个参数查询，该查询作为"学生成绩管理"报表的数据源。

🐬 **步骤**

（1）新建窗体。在窗体中分别添加标签、文本框和命令按钮，设计视图如图 5-39 所示，窗体部分控件属性如表 5-2 所示。

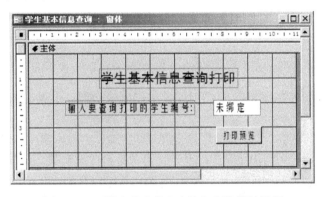

图 5-39   "学生基本信息查询"窗体设计视图

表 5-2   "学生基本信息查询"窗体部分控件属性

控　件	属　性	属　性　值
窗体	记录选定器	否
	导航按钮	否
	分隔线	否
学生基本信息查询打印（标签）	字体名称	黑体
	字体大小	16
输入要查询打印的学生编号（标签）、Text1（文本框）	字体名称	方正姚体
	字体大小	12
"打印预览"（按钮）	单击	打印预览"学生成绩管理"报表

其中"打印预览"命令按钮通过控件向导来添加。

（2）创建查询。创建"学生基本信息"查询，"学生"表为数据源，设计视图如图 5-40 所示。

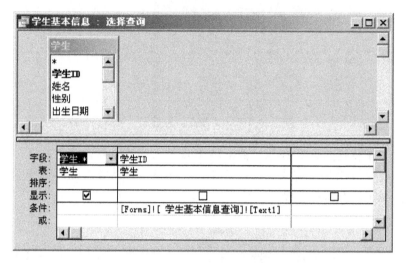

图 5-40　"学生基本信息"查询设计视图

设置"学生 ID"字段的查询条件为"学生基本信息查询"窗体文本框 Text1 的值，即：

学生 ID　Like　[Forms]![学生基本信息查询]![Text1]

（3）修改报表数据源。将例 7 创建的"学生成绩管理"报表的数据源设置为"学生基本信息"查询。

（4）打开窗体。运行"学生基本信息查询打印"窗体，输入学生编号，如"20070101"，单击"打印预览"按钮，则输出该学生的基本信息及各科考试成绩，如图 5-41 所示。

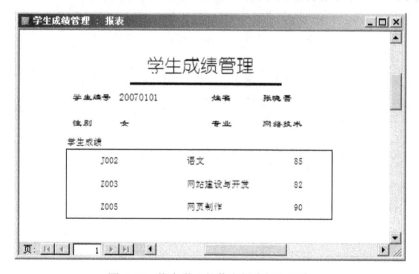

图 5-41　指定学生的信息报表打印预览

5.7　打印报表

设计报表的最终目的就是将报表打印出来。在打印报表之前，为了节约纸张和提高工作效率，应首先保证报表的准确性。Access 2003 提供了打印预览功能，可根据预览所得到的报表，来调整报表的布局及页面设置，使之达到满意的效果。最后将设计好的报表打印出来。

5.7.1　页面设置

在正式打印报表前应进行打印设置。打印设置主要是指页面设置，目的是保证打印出来的报表既美观又便于使用。页面设置是用来设置打印机型号、纸张大小、页边距和打印对象在页面上的打印方式及纸张方向等内容的。

（1）打开报表后，选择"文件"菜单中的"页面设置"命令，打开"页面设置"对话框，如图 5-42 所示，该对话框中包括"边距"、"页"和"列"3 个选项卡。

图 5-42　"页面设置"对话框

（2）在"边距"选项卡中可设置边距并确定是否只打印数据。边距是指上、下、左、右距离页边缘的距离，设置好以后会在"示范"中给出示意图。"只打印数据"是指只打印绑定型控件中的来自于表或查询中字段的数据。

在"页"选项卡中可设置打印方向、页面大小和打印机型号。只有当前打开的可打印对象是窗体或报表时，才有"列"选项卡。"列布局"只有当"列数"为两列以上时，才可选"先列后行"或"先行后列"。

（3）最后单击"确定"按钮，完成页面设置。

Access 2003 将保存窗体和报表的页面设置值，所以每个窗体或报表的页面设置选项只需设置一次，但是表、查询和模块在每次打印时都要重新设置页面选项。

5.7.2　预览报表

预览报表是在显示器上将要打印的报表以打印时的布局格式完全显示出来，这样可以快速查看整个报表打印的页面布局，也可一页一页地查看数据的准确性。预览报表有版面预览和打印预览两种方式。两者之间可以通过工具栏中的"视图"按钮来进行切换。

● 版面预览：主要是用来预览报表的版面布局，其中的数据并不一定是打印报表所显示的数据，而是从报表所基于的表或查询中获取的部分数据，以显示一个完整的页面。

版面设计窗口只能在报表设计视图中使用。如果要预览设计好并保存的报表，则需用"打印预览"。

● 打印预览：主要是用来预览报表中的数据。相对"版面预览"而言它的速度要慢一些，因为它是完全按照打印方式来处理报表文件的，它显示的数据是实际将要打印出来的数据，不论报表中的计算还是排序，打印预览都要执行。它与实际打印的唯一区别就是打印的输出目标是打印机，而打印预览的输出目标是显示器。

5.7.3　打印报表

当页面设置好以后就可以打印报表了。首次打印报表时，Access 2003 将检查页边距、列和其他页面设置选项，以保证打印的正确性。

（1）在数据库窗口中选定要打印的报表，或在设计视图中打开相应的报表。

（2）选择"文件"菜单中的"打印"命令，在打开的"打印"对话框中进行设置，如图 5-43 所示。

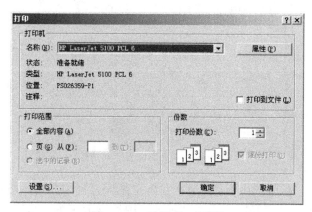

图 5-43　"打印"对话框

（3）在打印机"名称"的下拉列表中选择要使用的打印机型号。单击"属性"按钮，还可对纸张的大小和方向等进行重新设置。在"打印范围"中可设置打印所有页或要打印的页数。在"份数"中指定要打印的份数，还可将要打印的报表进行归类，在将报表的所有不同页都按顺序打印出来以后，再打印下一份。如果还需对"页面设置"进行重新设置，可以单击"设置"按钮进行设置。

（4）单击"确定"按钮，系统开始打印报表。

单击工具栏上的"打印"按钮时不会出现对话框，而是直接进行打印，以上各项都将采用默认设置值。

 习题

一、填空题

1. 报表主要用于对数据库中的数据进行分组、计算、汇总和＿＿＿＿＿＿输出。

2. 使用"报表向导"创建报表时，报表样式有＿＿＿＿＿＿、＿＿＿＿＿＿、＿＿＿＿＿＿、＿＿＿＿＿＿、＿＿＿＿＿＿和＿＿＿＿＿＿6 种。

3. 使用"报表向导"创建分组报表时，最多可以分＿＿＿＿＿＿个级别。

4. 报表设计视图在默认方式下由＿＿＿＿＿＿、＿＿＿＿＿＿和＿＿＿＿＿＿3 个节组成，通过选择"视图"菜单中的"报表页眉/页脚"选项，可以添加＿＿＿＿＿＿和＿＿＿＿＿＿两个节。在分组报表时，还可以增加相应的＿＿＿＿＿＿和＿＿＿＿＿＿。

5. 在报表向导中设置字段排序时，一次最多能设置＿＿＿＿＿＿个字段。

6. 要设计出带表格线的报表，需要向报表中添加＿＿＿＿＿＿控件完成表格线显示。

7. 报表通过＿＿＿＿＿＿可以实现同组数据的汇总和显示输出。

8. 如果要将报表中的每条记录或记录组均另起一页，可以通过设置组页眉、组页脚或主体节的＿＿＿＿＿＿属性来实现。

9. 预览报表分为＿＿＿＿＿＿和＿＿＿＿＿＿两种方式。

10. 报表"页面设置"对话框中包括＿＿＿＿＿＿、＿＿＿＿＿＿和＿＿＿＿＿＿3 个选项卡。

二、选择题

1. 下列不属于报表视图模式的是（　　　）。
   A. 设计视图　　　　　B. 打印预览　　　　　C. 版面预览　　　　　D. 数据表

2. 下列不是报表上的节名称的是（　　　）。
   A. 主体　　　　　　　B. 组页眉　　　　　　C. 表头　　　　　　　D. 报表页脚

3. 一个完整的报表应该包含报表本身、节及其（　　　）。
   A. 窗体　　　　　　　B. 控件　　　　　　　C. 表　　　　　　　　D. 查询

4. 下面关于报表对数据处理的叙述正确的是（　　　）。
   A. 报表只能输入数据　　　　　　　　　B. 报表只能输出数据序
   C. 报表可以输入和输出数据　　　　　　D. 报表不能输入和输出数据

5. 如果要使报表的标题在每一页上都显示，那么应该设置（　　　）。
   A. 报表页眉　　　　　　　　　　　　　B. 页面页眉
   C. 组页眉　　　　　　　　　　　　　　D. 报表页脚

6. 在报表统计计算中，如果是进行分组统计并输出，则统计计算控件应放在（　　　）节内。
   A. 主体　　　　　　　　　　　　　　　B. 报表页眉/报表页脚
   C. 页面页眉/页面页脚　　　　　　　　　D. 组页眉/组页脚

7. 在报表中改变一个节的宽度将（　　　）。

    A. 只改变这个节的宽度

    B. 只改变报表的页眉、页脚的宽度

    C. 改变整个报表的宽度

    D. 因为报表的宽度是确定的，所以不会有任何改变

8. 在报表设计中，以下可以做绑定控件显示普通字段数据的是（　　　）。

    A. 文本框　　　　　B. 标签　　　　　C. 命令按钮　　　　　D. 图像控件

9. 在报表的设计视图中，在页表头中添加日期时，函数的格式使用正确的是（　　　）。

    A. ="Date"　　　　　　　　　　B. ="Date()"

    C. =Date()　　　　　　　　　　D. =Date()

10. 在创建报表的向导中，可以创建出如下图布局方式的报表是（　　　）。

    A. 纵栏表　　　　　　　　　　B. 数据表

    C. 表格　　　　　　　　　　　D. 两端对齐

上机操作

一、操作要求

1. 创建简单的窗体。
2. 使用设计视图窗体。
3. 设置窗体及节的基本属性。
4. 窗体控件的使用。

二、操作内容

1. 使用"自动创建报表"创建一个基于"图书"表的"纵栏式"报表。
2. 使用"报表向导"创建一个基于"订单"表的报表，如图 5-44 所示。

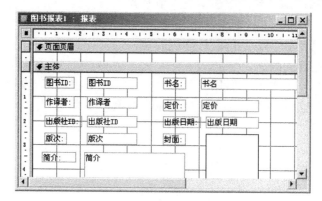

图 5-44　"图书报表"设计视图

3．设计一个教材管理的报表，如图 5-45 所示，设计视图如图 5-46 所示。

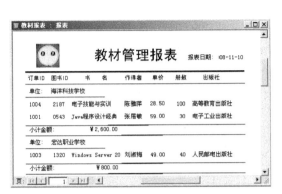 

图 5-45　"教材报表"视图　　　　　　　图 5-46　"教材报表"设计视图

4．先创建一个基于"图书"表的主报表"图书"，再创建一个基于"订单"表的子报表"订购明细"。在主报表中每显示一条记录，在子报表中可以观察到该图书的订购情况，如图 5-47 所示。

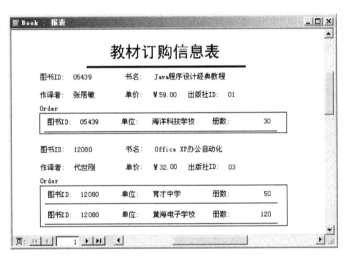

图 5-47　预览报表

第6章 数据访问页

学习目标

✧ 能创建简单的数据访问页
✧ 能使用设计视图创建数据访问页
✧ 能在数据访问页中添加控件
✧ 会编辑数据访问页
✧ 能在 Access 窗口中访问数据访问页
✧ 能在 IE 浏览器中访问数据访问页

数据访问页是一个以 HTML 格式独立存储的文件，用于查看和处理来自 Internet 或 Intranet 的数据，这些数据存储在Microsoft Access 数据库或Microsoft SQL Server 数据库中。通过它可以查看、输入、编辑和删除数据库中的数据。数据访问页还可以包含电子表格、图表或数据透视列表等组件。但实际上数据访问页并不存储在 Access 文件中，而是作为.htm 文件存储在本地文件系统中、网络共享上的文件夹中或 HTTP服务器上。

6.1 创建数据访问页

Access 2003 为数据访问页提供了"自动创建数据访问页"、"数据页向导"和"设计视图"等创建方法，也可以使用"现有的 Web 页"创建数据访问页。

6.1.1 使用向导创建数据页

使用"数据页向导"可以创建包含多个来自表或查询字段的数据访问页。
例1 使用向导创建"学生"数据访问页。
分析： 使用向导创建数据访问页，可以对数据进行分组。

🐬 **步骤**

（1）新建数据访问页。在"新建数据访问页"对话框中选择"数据页向导"，单击"确定"按钮，打开"数据页向导"对话框，选择"表：学生"，选定要在数据访问页中显示的字段并添加到"选定的字段"列表框中，如图 6-1 所示。

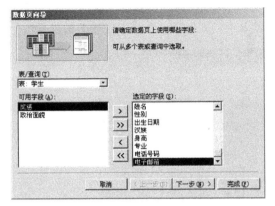

图 6-1　选择表及字段对话框

（2）在设置分组级别的"数据页向导"对话框中添加分组级别。例如，按"专业"字段分组，如图 6-2 所示。

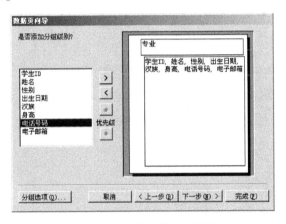

图 6-2　设置字段分组对话框

（3）在设置数据访问页记录的排序次序对话框中选择"学生 ID"升序排列，如图 6-3 所示。

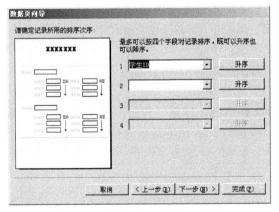

图 6-3　设置排序次序记录对话框

（4）为数据访问页指定标题"学生信息"，然后单击"完成"按钮。

（5）在"单击此处并输入标题文字"处输入"学生基本信息数据页"的标题，如图 6-4 所示，然后单击"文件"菜单中的"保存"命令，或者单击工具栏上的"保存"按钮。

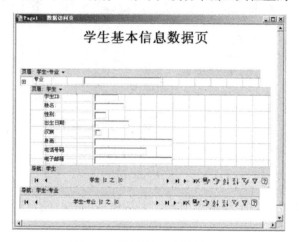

图 6-4   数据访问页设计视图

（6）切换到"页面视图"，单击"专业"分组左下角的"+"号，以展开数据访问页，利用数据访问页下面的导航按钮浏览图书记录，如图 6-5 所示。

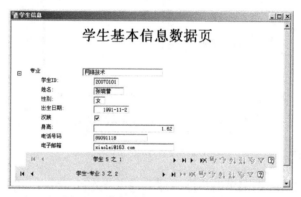

图 6-5   数据访问页展开浏览视图

创建该数据访问页后，系统以 HTML 文件格式（如文件名为"学生信息. htm"）将数据访问页保存在当前文件夹中，并在当前数据库的"页"对象中创建该数据访问页的快捷方式。

6.1.2   使用设计视图创建数据访问页

例 2   以"学生"表为数据源，使用"设计"视图创建数据访问页。

分析：使用"设计"视图可以自行设计数据访问页。

步骤

（1）在"数据库"窗口选择"页"对象。双击窗口中的"在设计视图中创建数据访问页"，打开设计视图，如图 6-6 所示。

图 6-6 空白数据访问页设计视图

（2）单击工具栏上的"字段列表"按钮，打开"字段列表"框，如图 6-7 所示。

（3）将"字段列表"中的"学生"表拖放到数据访问页页面上，打开"版式向导"对话框，如图 6-8 所示。

 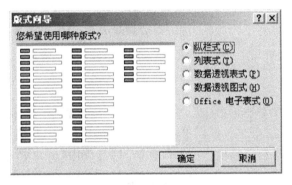

图 6-7 "字段列表"对话框   图 6-8 "版式向导"对话框

（4）选择"纵栏式"，单击"确定"按钮，关闭"字段列表"。在新建的数据访问页"设计"视图上单击"单击此处并输入标题文字"，输入"学生数据访问页"，如图 6-9 所示。

图 6-9 数据访问页设计视图

（5）保存创建的"学生"数据访问页。

6.1.3 将窗体转换为数据访问页

例 3   将 XS 窗体转换为"学生基本信息"数据访问页。
分析： 为快速创建数据访问页，可以将表、查询、窗体和报表等对象转换为数据访问页。

步骤

（1）在"窗体"对象窗口中选择"XS"窗体，单击"文件"菜单中的"另存为"命令，打开"另存为"对话框。在"将窗体'XS'另存为"文本框中输入"学生基本信息"，在"保存类型"框中选择"数据访问页"，如图 6-10 所示。

图 6-10   "另存为"对话框

（2）单击"确定"按钮，打开"新建数据访问页"对话框，确定新建数据访问页的保存位置和文件名，最后单击"确定"按钮，转换生成新的数据访问页。

（3）打开转换生成的数据访问页，如图 6-11 所示。

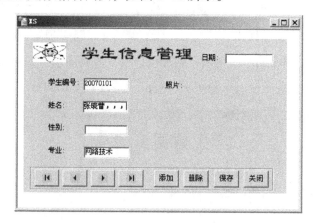

图 6-11   由窗体转换生成的数据访问页

数据访问页与 XS 窗体相比，不支持部分控件。将窗体或报表转换为数据访问页后，会有以下不同。

● 当窗体或报表中含有绑定对象框、未绑定对象框、切换按钮和选项卡等控件时，系统不转换。

● 数据访问页不支持对角线，所以窗体或报表中的对角线在数据访问页上将显示为横线。

● 数据访问页不支持作为行来源的值列表，这样的控件在页上将不被绑定。
● 数据访问页不能显示列表框和组合框中的列，所以在页上将只能看到初始控件的第一个可见列。

 相关知识

数据访问页"工具箱"中的部分控件

在设计数据访问页时，可以通过"工具箱"添加系统提供的控件，其中标签、文本框、选项组、选项按钮、复选框和列表框等控件与窗体或报表"工具箱"中的控件使用方法相同，但数据访问页"工具箱"中的某些控件与窗体或报表"工具箱"中的控件不同，如滚动文字、展开、数据透视表、图表和电子表格等控件是窗体或报表中所没有的。如表 6-1 所示列出了数据访问页"工具箱"中所特有的控件。

表 6-1　数据访问页"工具箱"中部分控件及其功能

控 件 名 称	功　　能
绑定范围	在数据访问页中结合 HTML 标记语言
滚动文字	添加一段在网页上不断滚动的文字
展开	在网页上设置排序与分组时，用来展开与关闭列表
记录浏览	添加导航按钮
Office 数据透视表	在表上添加一个数据透视表对象
Office 图表	在表上添加一个图表
Office 电子表格	在表上添加一个电子表格
超链接	插入超链接
图像超链接	插入一个指向图像的超链接
影片	插入一段影片，可在浏览器中播放

📖 **课堂练习**

1. 以"学生"表为数据源，使用自动功能创建数据访问页。
2. 先创建一个学生成绩查询，再以该查询为数据源使用"设计"视图创建数据访问页。
3. 将一个窗体转换为数据访问页。
4. 将一个报表转换为数据访问页。

6.2　编辑数据访问页

使用向导或设计视图创建的数据访问页，能基本满足用户的需求，但其功能和界面往往不能令人满意。为了使功能更完善，界面更完美，必须在设计视图中进行编辑和修改，并添加相应的控件。Access 2003 所包含的控件有标签、文本、滚动文字、命令按钮、复选框、选项按钮和超链接等。

6.2.1　添加控件

例 4　编辑例 2 创建的"学生"数据访问页（如图 6-9 所示），将标题文字"学生数据访问页"修改为"学生基本信息 WEB 页"，字体设置为"华文彩云"，字体颜色为蓝色，字号为 24；将"学生 ID"标签控件及文本框控件设置为方正姚体，字号设置为 10；在标题文字下面插入一行滚动文字"欢迎光临!"，字体为隶书，字号为 14pt，字体颜色为紫红色，从右往左滚动，如图 6-12 所示。

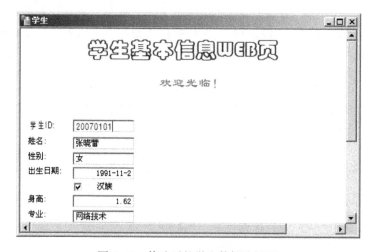

图 6-12　修改后的学生数据访问页

分析：使用向导创建数据访问页后，可以通过设计视图进行修改，包括添加控件、设置控件的字体、字号及颜色等属性。

步骤

（1）在数据库的"页"对象窗口中，选择"学生"数据访问页，单击"设计"按钮，打开该数据访问页的设计视图。

（2）将标题文字"学生数据访问页"修改为"学生基本信息 WEB 页"，将字体设置为"华文彩云"，字体颜色为蓝色，字号为 24。

设置字体、字号及颜色可以通过工具栏来设置，也可以打开其属性窗口进行设置，将 FontFamily 属性设置为"华文彩云"；设置 Color 属性时，可打开"颜色"对话框进行设置。

（3）按下【Shift】键，再分别单击"页眉：学生"节中的"学生 ID"标签控件及文本框控件，将字体设置为"方正姚体"，字号设置为 10。

（4）按下"工具箱"中的"滚动文字"按钮，在标题文字下面拖动鼠标插入滚动文字框，并输入文字"欢迎光临!"，将字体设置为隶书，字号为 14，字体颜色为紫红色，将 TextALign（文本对齐方式）设置为 right，Behavior（滚动方式）设置为 scroll，如图 6-13 所示。

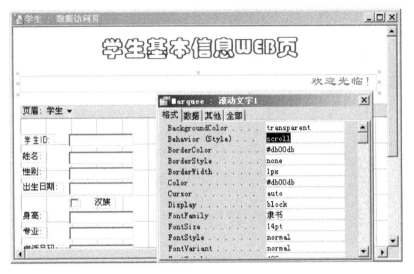

图 6-13　学生数据访问页设计视图

在设置滚动文字属性时，可以设置文字的滚动方向、方式及速度等。

（5）切换到页面视图，浏览修改后的结果，然后保存该数据访问页。

例 5　在"学生"数据访问页中，分别插入电子工业出版社的站点"http://www.phei.com.cn"、"学生信息数据访问页"和电子邮箱"wml-20080808@163.com"，如图 6-14 所示。

图 6-14　修改后的学生数据访问页

分析：在数据访问页中插入超链接，可实现在不同网页之间的跳转。用户可以将现有的网页站点、电子邮件地址等对象以超链接的方式插入到当前数据访问页中。

步骤

（1）打开"学生"数据访问页的设计视图，按下"工具箱"中的"图像超链接"按钮，在设计视图中单击，打开"插入图片"对话框，选择要插入的图片文件，单击"插入"按钮，打开"插入超链接"对话框，在"地址"框中输入 http://www.phei.com.cn，如图 6-15 所示，单击"确定"按钮。

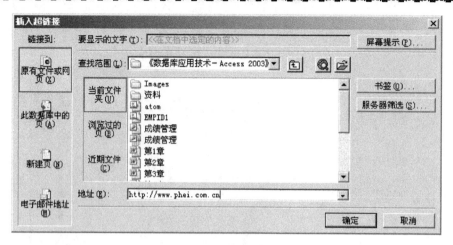

图 6-15　"插入超链接"对话框

（2）按下"工具箱"中的"超链接"按钮，在设计视图中单击，打开"插入超链接"对话框（如图 6-15 所示），在"要显示的文字"框中输入"学生信息数据访问页"，在"地址"框中输入"student.htm"，单击"屏幕提示"按钮，在打开的"设置超链接屏幕提示"对话框中输入提示文字"打开 student 网页"，如图 6-16 所示，再单击"确定"按钮，最后单击"插入超链接"对话框的"确定"按钮。

图 6-16　"设置超链接屏幕提示"对话框

（3）打开"插入超链接"对话框，在"链接到"框中选择"电子邮件地址"对象，在"电子邮件地址"框中输入 wml-20080808@163.com，在"要显示的文字"框中输入提示信息，如图 6-17 所示。

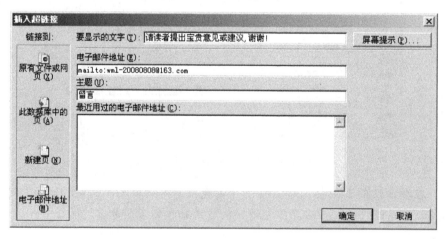

图 6-17　"电子邮件地址"超链接

（4）单击"确定"按钮，完成超链接的创建，设计视图如图 6-18 所示。

在设计数据访问页时，用户可以给数据访问页设置"主题"，添加背景和图案，使访问页具有个性和更加美观。

图 6-18 插入超链接的学生数据访问页设计视图

6.2.2 美化数据访问页

1．为数据访问页设置主题

数据访问页的外观是数据访问页的整体布局及视觉效果。外观的效果可以通过主题来实现，主题是一套统一的项目符号、字体、水平线、背景图像和其他数据访问元素的设计元素和配色方案。若使用了主题，可以使 Web 页具有统一的风格。主题有助于方便地创建专业化的、设计精制的数据访问页。

（1）在页设计视图中打开要应用主题的"学生"数据访问页。

（2）在"格式"菜单中，单击"主题"命令，打开"主题"对话框，如图 6-19 所示。

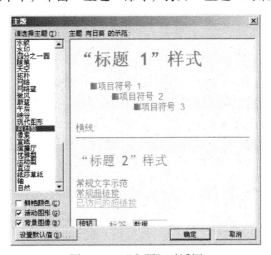

图 6-19 "主题"对话框

（3）在"主题"对话框中选择"向日葵"主题，选择或清除对话框左下角的复选框，单击"确定"按钮，关闭"主题"对话框，查看设置好主题的数据访问页效果。

2．为数据访问页添加背景效果

为了使数据访问页赏心悦目，可以为数据访问页添加背景颜色、图片，还可以设置背景音乐。其操作步骤如下。

（1）在页设计视图中，打开或新建数据访问页。

（2）单击"格式"菜单，选择"背景"子菜单中的"颜色"选项，可改变背景颜色。

（3）若要以"图片"为背景，可单击"格式"菜单中的"图片"命令，弹出"插入图片"对话框，和前面插入图片的方法一样，查找到所需要的文件后，单击"插入"按钮，图片即可作为数据访问页的背景。

📖 课堂练习

1. 为"学生"数据访问页添加一个影片超链接。
2. 为"学生"数据访问页添加一个 Excel 电子表格。
3. 为"学生"数据访问页选择一个主题。

6.3　访问数据访问页

使用数据访问页，不仅可以在 Access 2003 中浏览数据库中的数据，还可以在 Microsoft Internet Explorer（IE）中浏览数据库中的数据，而且在浏览过程中还可以对数据进行添加、编辑和删除等多种操作。

6.3.1　在 Access 窗口中浏览数据访问页

例 6　利用 Access 的"页面视图"浏览"学生"数据访问页。

分析：在"页面"视图中浏览数据访问页时，打开 IE 浏览器访问数据访问页。

🐬 步骤

（1）在"页"窗口选择要浏览的数据访问页，如选择"学生"数据访问页。

（2）单击"打开"按钮，即可在"页面视图"中打开数据访问页；双击要浏览的数据访问页，也可打开数据访问页，如图 6-20 所示。

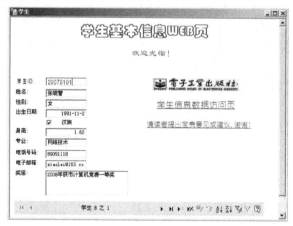

图 6-20　学生数据访问页

（3）利用数据访问页中的"导航"按钮可以进行浏览、添加、排序和筛选等操作。

6.3.2 在 IE 浏览器中浏览数据访问页

数据访问页是独立的 HTML 语言文件，不仅可以在 Access 窗口中浏览，也可以在 IE 浏览器中浏览数据访问页。

（1）打开 IE 浏览器。

（2）单击"文件"菜单中的"打开"命令，打开"打开"对话框。

（3）单击对话框中的"浏览"按钮，打开"Microsoft Internet Explorer"对话框，选择数据访问页所在的路径和文件名后，如选择"学生"，单击"打开"按钮。

（4）单击"打开"对话框中的"确定"按钮，打开数据访问页，如图 6-21 所示。

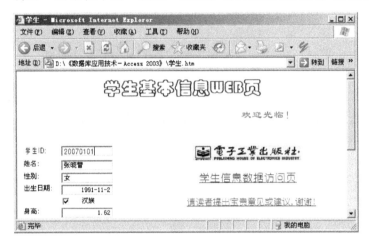

图 6-21 IE 浏览器访问数据访问页

📖 **课堂练习**

1. 在 Access 数据库窗口浏览数据库访问页。
2. 在 IE 浏览器窗口中访问数据访问页。

习题

一、填空题

1. Access 数据访问页是一个以_____格式独立存储的文件，通过它可以查看、输入、编辑和删除数据库中的数据。

2. 数据访问页有_____、_____和_____3 种视图方式。

3. 使用"数据访问页向导"创建的数据访问页，需要确定_____、分组级别、排列顺序、数据访问页的标题等内容。

4．在 Access 中可以使用_____、_____和_____3 种方法创建数据访问页。

5．使用主题可以使数据访问页具有一定的整体布局和_____效果。

二、选择题

1．使用数据页向导创建数据访问页，在创建的过程中，可以设置对表记录的分组和（　　）。

    A．索引　　　　　　B．排序　　　　　　C．计算　　　　　　D．汇总

2．下列控件是数据访问页所特有的，而在窗体或报表中所没有是（　　）。

    A．标签　　　　　　B．文本框　　　　　　C．列表框　　　　　　D．滚动文字

3．设计数据访问页时不能向数据访问页添加的控件是（　　）。

    A．标签　　　　　　B．滚动标签　　　　　C．超级链接　　　　　D．选项卡

4．当保存 Web 页时，Access 在数据库的"页"对象窗口中创建一个链接到 HTML 文件的（　　）。

    A．指针　　　　　　B．字段　　　　　　C．快捷方式　　　　　D．地址

5．如果要想改变数据访问页的结构或显示方式，打开数据访问页并进行修改应使用的方式是（　　）。

    A．页面视图　　　　B．设计视图　　　　C．静态 HTML　　　　D．动态 HTML

上机操作

一、操作要求

1．创建数据访问页。

2．编辑数据访问页。

3．采用多种方法浏览数据访问页。

二、操作内容

1．使用"数据页向导"创建一个基于"订单"表的数据访问页。

2．打开一个窗体，并将该窗体另存为数据访问页，然后打开该数据访问页。

3．使用设计视图创建一个基于"图书"表的数据访问页"图书信息"。

4．在设计视图中打开"图书信息"数据访问页，然后对该 Web 页进行修改。

5．创建"订单"数据访问页，将标题文字"订单数据页"设置为"订单 WEB 页"，字体设置为"华文彩云"，字体颜色为蓝色，字号为 24；将"订单 ID"标签控件及绑定的"订单 ID"字段字体设置为仿宋_GB2312，字号设置为 10；在标题文字下面插入一行滚动文字"欢迎来到东方书世界!!"，字体为隶书，字号为 12，字体颜色为紫红色，从右往左滚动，如图 6-22 所示。

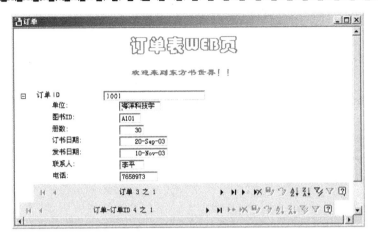

图 6-22　　"订单"数据访问页

6．在"订单"数据访问页中，分别插入电子工业出版社的站点"http://www.phei.com.cn"和你的电子邮箱。

7．使用 IE 浏览器访问"订单"数据访问页。

第7章 宏的使用

学习目标

◇ 能创建简单的宏
◇ 能编辑宏
◇ 能使用多种方法运行宏
◇ 能创建有条件的宏
◇ 能创建宏组
◇ 了解宏键的使用方法

在 Access 2003 中，除了表、查询、窗体、报表和 Web 页之外，还有一个比较重要的对象——宏。宏是 Access 中执行特定任务的操作或操作集合，其中每个操作能够实现特定的功能。例如，可以建立一个宏，通过宏可以打开某个窗体，打印某份报表等。宏可以包含一个或多个宏命令，也可以是由几个宏组成的宏组。

在 Access 中用户使用宏是很方便的，不需要记住各种语法，也不需要编程，只需要使用几个简单的宏操作就可以将已经创建的数据库对象联系在一起，实现特定的功能。Access 定义了许多宏操作，这些宏操作可以完成以下功能：

● 打开、关闭数据表、报表，打印报表，执行查询；
● 筛选、查找记录；
● 模拟键盘动作，为对话框或等待输入的任务提供字符串输入；
● 显示警告信息框，响铃警告；
● 移动窗口，改变窗口大小；
● 实现数据的导入、导出；
● 定制菜单；
● 设置控件的属性等。

宏除了有按照宏操作的顺序自动执行的功能外，同时还具有程序设计中常见的分支条件功能，可以在宏中加入条件表达式，只有当条件表达式的值为真时，才能执行相应的操作，这样的宏称为带条件的宏。

7.1 创建简单宏

7.1.1 创建宏

例 1 创建一个名为"浏览学生表"的宏，运行该宏时，以只读方式打开"学生"表。

分析：创建宏的操作是在设计视图中完成的，创建宏的操作包括确定宏名、设置宏条件、选择宏操作和设置宏参数等。

步骤

（1）在"宏"对象窗口中，单击"新建"按钮，打开宏的设计视图。宏"设计"窗口分为上下两个部分，在窗口的上半部分，默认的只有"操作"和"备注" 4 列，可以添加"宏名"和"条件"列。例如，在"操作"列的第一行，从下拉列表中选择宏操作"OpenTable"选项。

（2）在窗口的下半部分是宏的"操作参数"列表框，用来定义宏操作的参数。当在上半部分所指定完成的操作不同时，"操作参数"中设置的操作参数也会不同。在建立每个基本宏时，需要对于每一个宏操作设置其相应的宏操作参数。例如，"OpenTable"操作对应的 3 个参数分别是"表名称"、"视图"和"数据模式"。在"表名称"的下拉列表中选择"学生"表；打开表的"视图"有"数据表"、"设计"、"打印预览"、"数据透视表"及"数据透视图" 5 种方式，选择"数据表"；"数据模式"有"增加"、"编辑"和"只读" 3 种打开方式，选择"只读"模式。

（3）"备注"列是可选的，用来帮助说明每个宏操作的功能，便于以后对宏的修改和维护。例如，在"OpenTable"操作的"注释"列中可以输入提示信息，如输入"以只读方式浏览学生表"，如图 7-1 所示。

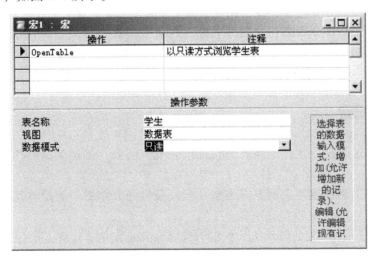

图 7-1 宏的设计视图

（4）单击工具栏上的"保存"按钮，打开"另存为"对话框，如图 7-2 所示。在该对话框中输入宏名"浏览学生表"，然后单击"确定"按钮，保存所创建的宏。

图 7-2 "另存为"对话框

在数据库窗口选择要执行的宏，如"浏览学生表"，单击"运行"按钮，运行该宏，以只读方式打开"学生"表。

 提示

通过向宏的设计视图窗口拖动数据库对象的方法，可以快速创建一个宏。例如，在"窗体"对象窗口中选择"学生"窗体，并将它拖放到宏的设计视图"操作"列的第一行，这时在"操作"列的第一行中会自动添加"OpenForm"，并在"操作参数"列表框中自动设置了相应的操作参数。

 **相关知识**

宏的设计视图

宏的设计视图分为上下两部分，上半部分每一行都是一个宏操作的内容，包括"操作"和"注释"两列。在"操作"列中可以利用下拉列表选择宏操作。"注释"列一般用来说明每个宏操作所完成的功能，以后便于对宏进行修改和维护，它是可选的。另外，宏的设计视图中还包括"宏名"和"条件"两列，通常情况下是隐藏的，可通过单击工具栏中的"宏名"和"条件"按钮来显示。在"宏名"列中用户可以给每个宏指定一个名字，主要应用于宏组中，以区分不同的宏。在"条件"列中可以指定宏操作的执行条件。

设计视图的下半部分是宏的"操作参数"列表框，用来定义宏的操作参数。有的宏操作是没有参数的，有的则有参数。对有参数的宏操作，不同的操作有不同的操作参数，设置时可以从其各个参数的下拉列表中进行选择。

7.1.2 编辑宏

在创建一个宏之后，往往还需要对它进行修改。例如，添加新的操作或重新设置操作参数等。

例 2 修改上例创建的"浏览学生表"宏，在打开"学生"表操作前添加一条宏操作"MsgBox"。

分析：修改宏也是在宏的设计视图中进行的，MsgBox 宏操作的功能是给出操作提示信息。

步骤

（1）在宏设计视图中打开"浏览学生表"宏。
（2）将新操作添加到操作列的不同位置。如果要在原来操作的后面添加新的操作，则在"操作"列的第一个空白行直接添加即可;如果新操作在两个操作行之间,则单击要插入的行,再单击工具栏上的"插入行"按钮 ，或者在"插入"菜单中选择"行"命令。例如,要在"OpenTable"操作之前添加一个新的操作行"MsgBox",则单击"OpenTable"操作行,然后单击"插入行"按钮。在该空白行的操作列表中选择要添加的操作"MsgBox"。

(3)对"MsgBox"的 4 个操作参数进行设置。在"消息"中输入"浏览'学生'表";在"发嘟嘟声"中选择"是";在"类型"中有"无"、"重要"、"警告?"、"警告!"和"信息"5 种选择,这里选择"信息";在"标题"中输入"学生表",如图 7-3 所示。

按上述设置后,当运行该宏时,将出现信息提示框,如图 7-4 所示。在宏运行过程中单击提示框"确定"按钮,将继续执行后面的宏操作。

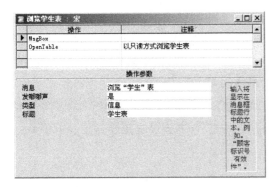

图 7-3　宏的设计视图

图 7-4　信息提示框

提示

如果要删除某个宏操作,在宏设计视图中选择该行,单击"编辑"菜单中的"删除行"命令,或者单击工具栏中的"删除行"按钮 ，即可删除该行。

课堂练习

1. 创建一个名为"Open_XS"的宏,功能是打开"XS"窗体。

2. 修改"Open_XS"宏,在"OpenForm"操作后分别添加"Close"和"OpenTable"宏操作,其中"OpenTable"宏操作用来打开"成绩"表。

7.2　运行宏

运行宏时,系统将从宏的起始点开始,执行宏中所有操作直到结束。可以通过宏命令直接执行宏,也可以将执行宏作为对窗体、报表控件中发生的事件所做出的响应。例如,可以将某个宏附加到窗体中的命令按钮上,这样当用户在窗体中单击该按钮时就会自动执行相应的宏,还可以在创建执行的自定义命令菜单或工具栏按钮上,将某个宏指定在组合键中,或者在打开数据库时直接执行宏。

另外,在创建好宏之后,还需要对宏进行一些调试,排除导致错误或非预期结果的操作。

7.2.1　直接运行宏

在"数据库"窗口中选择宏对象，双击相应的宏名即可运行宏。

通常情况下，直接执行宏只是对宏进行测试。在确保宏的设计正确无误后，可以将宏附加到窗体或报表的控件中，以对事件做出响应，或者创建一个执行宏的自定义菜单。

7.2.2　通过命令按钮来运行宏

除了直接运行宏外，还常常将宏与窗体或报表中的控件结合在一起运行，使宏成为某些基本操作中所包含的操作，使得操作更为集成，能够实现更多的功能。

通过窗体、报表中的命令按钮来运行宏，只需在窗体或报表的设计视图中，打开相应控件的"属性"对话框，选择"事件"选项卡，在相应的事件属性上单击，从弹出的下拉列表中选择相应的宏即可。当该事件发生时，系统将自动运行该宏。

例3　创建一个窗体，在窗体中添加一个命令按钮，单击该按钮则运行"浏览学生表"宏。

分析：在窗体中通过单击命令按钮来运行一个宏，这是在数据库管理系统中常用的方法。

步骤

（1）在窗体设计视图中新建一个空白窗体。按下"工具箱"中的"命令"按钮，在空白窗体"主体"节中创建一个命令按钮。

（2）打开命令按钮"属性"窗口，设置命令按钮的标题为"打开'学生'表"，如图 7-5 所示。

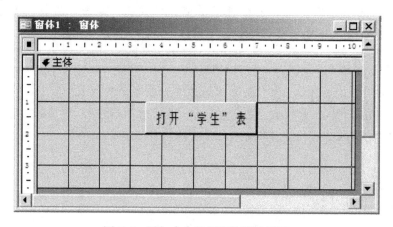

图 7-5　添加命令按钮窗体设计视图

（3）在"打开'学生'表"命令按钮的"属性"窗口的"事件"选项卡中，选择"单击"属性为"浏览学生表"宏，如图 7-6 所示。

保存新建的窗体，打开该窗体视图，单击"打开'学生'表"命令按钮，系统自动运行"浏览学生表"宏，打开"学生"表。

另外，在窗体中添加命令按钮时，如果已经打开了"控件向导"，通过"命令按钮向导"也可以设置单击按钮所要运行的宏，如图 7-7 所示。

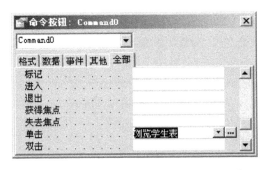

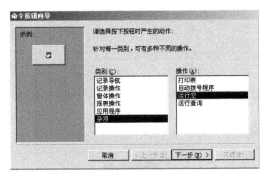

图 7-6 "浏览学生表"命令按钮"属性"窗口   图 7-7 "命令按钮向导"

7.2.3 设置运行宏的工具栏按钮

例 4 在数据库窗口的工具栏中添加一个"浏览学生表"按扭，单击该按扭时，系统自动运行宏"浏览学生表"，打开"学生"表。

分析：将命令按钮设置在窗体上，操作范围仅限于该窗体，在其他窗体中无法应用。如果要将宏与其他对象共享，可以将宏添加到工具栏中成为工具按钮。

🐬 **步骤**

（1）打开"成绩管理"数据库窗口，选择"视图"菜单"工具栏"中的"自定义"命令，打开"自定义"对话框。

（2）在"命令"选项卡的"类别"框中选择"所有宏"，在"命令"框中会显示出当前数据库系统已经创建的所有宏，如图 7-8 所示。

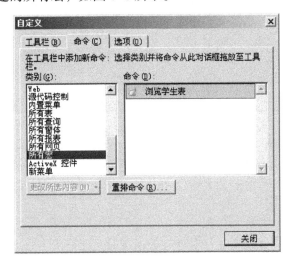

图 7-8 "命令"选项卡

（3）在"命令"列表中选择一个宏，如"浏览学生表"，将其直接拖放到工具栏中，系统会自动设置一个默认的图标工具按钮，如图 7-9 所示，并与该宏建立连接。

图 7-9　添加"浏览学生表"按钮后的工具栏

添加工具栏按钮后，单击工具栏中的"浏览学生表"按钮，系统会自动运行"浏览学生表"宏，并执行相应的操作。

7.2.4　宏之间的调用

使用宏操作中的"RunMarco"命令，可以在一个宏中调用另一个宏。

例 5　创建一个名为"RM"的宏，在该宏中调用另一个宏"浏览学生表"。

分析：宏之间的调用可通过"RunMarco"命令来实现。

步骤

（1）新建一个名为"RM"的宏，在宏的设计视图"操作"列中选择宏操作"RunMacro"命令，并在"操作参数"的"宏名"中选择"浏览学生表"，如图 7-10 所示。

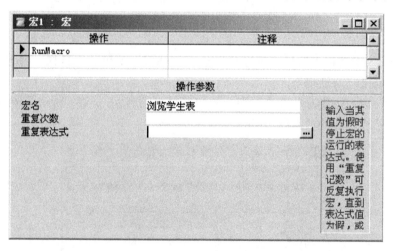

图 7-10　调用宏设计视图

（2）以名"RM"保存该宏，运行该宏，观察运行结果。

7.2.5　自动运行宏

在 Access 2003 中，如果要在每次打开数据库时直接显示一个主画面，然后根据主画面的提示进行操作，这就需要创建一个自动运行的名为"Autoexec"的宏。

在数据库中创建一个名为"Autoexec"的宏后，在以后每次系统启动时，都会自动扫描宏对象中是否有该名称的宏，如果有则自动运行。如图 7-11 所示就是一个自动运行"Autoexec"的宏，每次打开数据库后系统即会打开"系统登录"窗体。

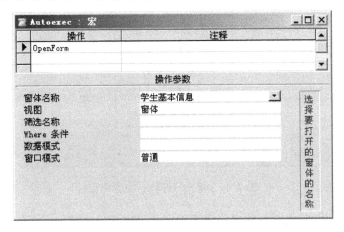

图 7-11 "Autoexec"宏设计视图

 相关知识

单步执行宏

在设计宏时，一般需要对宏进行调试，排除导致错误或非预期结果的操作。Access 2003 为调试宏提供了一个单步执行宏的方法，即每次只执行宏中的一个操作。使用单步执行宏可以观察到宏的流程和每一个操作的结果，从而可以排除导致错误或产生非预期结果的操作。例如，在宏的设计视图中打开"RM"宏，单击工具栏中的"单步"按钮，再单击"运行"按钮，系统便以单步的形式开始运行宏操作，并打开如图 7-12 所示的对话框。

在该对话框中会显示当前单步运行宏的宏名、条件、操作名称和该操作的参数信息，另外还包括"单步执行"、"停止"和"继续"3 个按钮。单击"单步执行"按钮，执行显示在对话框中的第一步操作，并出现下一步操作的对话框；若单击"停止"按钮，将终止当前宏的运行，返回宏的设计视图；单击"继续"按钮，将关闭单步执行状态，并运行该宏后面的操作。

如果宏中存在问题，将出现错误信息提示框，如图 7-13 所示。根据对话框的提示，可以了解出错的原因，以便进行修改和调试。

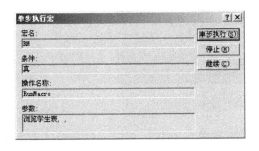

图 7-12 "单步执行宏"对话框

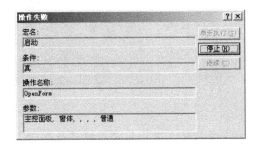

图 7-13 执行宏出现错误提示对话框

📖 **课堂练习**

1. 新建一个窗体，在窗体中添加两个命令按钮，单击命令按钮时分别打开已定义的宏，并完成相应的功能，如图 7-14 所示。

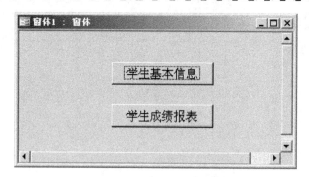

图 7-14　单击按钮执行相应的宏

2. 创建一个名为 Autoexec 的宏，每当启动数据库时，打开一个窗体。

7.3　创建条件宏和宏组

7.3.1　创建条件宏

通常情况下，宏的执行顺序是从第一个宏操作依次往下执行到最后一个宏操作。但对于某些宏操作，可以为它设置一定的条件，当条件满足时执行某些操作，当条件不满足时，则不执行该操作，这在实际应用中是经常用到的。

例 6　创建一个名为"算术"的窗体，根据窗体信息输入一个数值，判断输入的数值是否正确，如图 7-15 所示。

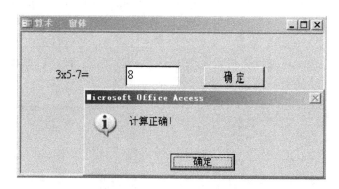

图 7-15　"算术"宏运行结果

分析：窗体中的算式用标签来显示，通过文本框来输入数值，然后判断该文本框的数值是否正确。

步骤

（1）新建一个名为"算术"的窗体，添加一个标签、一个文本框和一个命令按钮，如图 7-16 所示。

（2）创建一个名为"suanshu"的宏，在宏的设计视图中单击工具栏中的"条件"按钮，则会在宏的设计视图中显示"条件"列，可设置不同的条件，如图 7-17 所示。在两个"MsgBox"操作"消息"框中分别输入"计算正确！"和"计算错误！"。

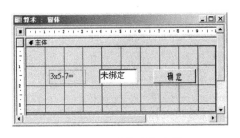

图 7-16　"算术"窗体

图 7-17　"suanshu"宏

（3）设置"算术"窗体"确定"命令按钮的"单击"属性为运行宏"suanshu"，如图 7-18 所示。

（4）打开"算术"窗体，在文本框中输入一个数值，单击"确定"按钮，查看显示结果，如图 7-19 所示。

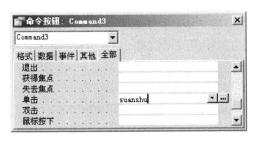

图 7-18　"确定"命令按钮属性

图 7-19　运行结果

例 7　设置一个带条件的宏，通过"XS"窗体向"学生"表中输入记录，如果"姓名"字段值为空，则给出提示信息，并要求重新输入。

分析：在宏中使用条件表达式，如表达式"[Forms]![XS]![姓名]"，其结果必须是逻辑值。如果不满足条件，可以通过"MsgBox"宏操作给出提示信息。

步骤

（1）使用宏设计视图新建一个宏。单击工具栏中的"条件"按钮，在宏的设计视图中显示"条件"列。

（2）在"条件"列的第 1 行输入条件"[Forms]![XS]![姓名] Is Null"，在"操作"列选择"MsgBox"操作，在"操作参数"的"消息"框中输入"姓名不能为空！"；在"条件"列第 2 行输入"…"，在"操作"列选择"CancelEvent"操作；"条件"列第 3 行为空，在"操作"列选择"GoToControl"，在"操作参数"的"控件名称"框中输入"[姓名]"，如图 7-20 所示。

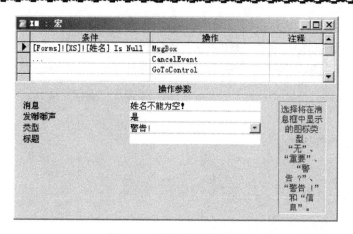

图 7-20　设置带条件的宏

其中，CancelEvent 操作是取消引起宏运行的事件，GoToControl 操作使光标切换到指定的控件对象上。

（3）保存该宏，宏名为"XM"。

（4）在窗体设计视图中打开"XS"窗体，选择窗体"属性"窗口的"事件"选项卡，在"更新前"框中指定"XM"宏，如图 7-21 所示。

（5）保存该属性设置。

（6）打开"XS"窗体，当通过窗体视图更新或添加"学生"表的记录时，系统会立即运行"XM"宏，检查输入的姓名是否为空，如果为空，则给出提示信息，如图 7-22 所示。

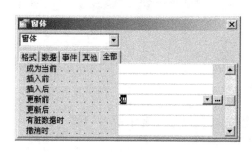

图 7-21　"XS"窗体"属性"窗口

图 7-22　提示信息框

执行过程是，先从宏的第 1 行开始运行，当有条件限制时，计算条件表达式的逻辑值，当逻辑值为真时，执行该行及下面行"条件"列中有省略号（…）或空条件的所有宏操作，直到下一个条件表达式、宏名或停止宏（StopMacro）。当逻辑值为假时，系统将忽略该行及下一行"条件"列中有省略号（…）的所有的宏操作，并自动执行下一个条件表达式或空条件，进行相应的操作。

7.3.2　创建宏组

在 Access 中可以将几个功能相关或相近的宏组织到一起构成宏组。宏组就是一组宏的集合。宏组中的每个宏都有各自的名称，以便于分别调用。为管理和维护方便，将这些宏放在一个宏组中。创建宏组的方法与创建宏的方法基本相同，不同的是在设计宏组时需要用到宏名，用来为宏组中的每个宏命名。

在设计宏组时，每个宏的宏名必须处在第一行的宏操作的"宏名"列中，同一个宏的其他操作的"宏名"列应为空白。

例 8　创建一个名为"MF"的宏组，该宏组由"浏览表"、"运行查询"、"打开窗体"和"预览报表"4 个宏组成。

分析：假设"MF"宏组中的"浏览表"宏的功能是打开"学生"表；"运行查询"宏的功能是执行"成绩查询"；"打开窗体"宏的功能是打开"XS"窗口；"预览报表"宏的功能是预览"学生成绩报表"。

步骤

（1）打开宏的设计视图，新建一个宏。单击工具栏中的"宏名"按钮，添加"宏名"列。

（2）在"宏名"列的第一行中输入第一个宏的名称"浏览表"，然后按照创建宏的步骤设置该宏的操作及参数。例如，宏"MF"的设计如图 7-23 所示。用同样的方法，创建宏"运行查询"、"打开窗体"和"预览报表"，如图 7-24 所示。

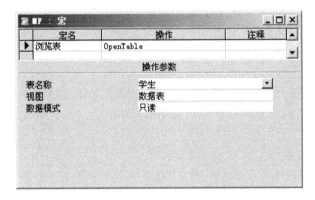

图 7-23　"MF"宏组中的"浏览表"宏

图 7-24　"MF"宏组的设计视图

宏组的运行与宏的运行有所不同，如果在宏的设计视图或数据库窗口中直接运行宏组，只有第一个宏可以被直接运行，当运行结束而遇到一个新的宏名时，系统将立即停止运行，这是因为无法指明该宏组中各宏的名称。

要运行宏组中不同的宏，必须指明宏组名和所要执行的宏名，格式为"宏组名.宏名"。运行宏组的一般方法是将其与其他对象（如窗体、报表或菜单等）结合，以达到运行的目的。

例 9　创建一个名为"MG"的窗体，在窗体中添加 4 个命令按钮，如图 7-25 所示，单击这 4 个按钮，通过运行宏组"MF"，分别完成相应的功能。

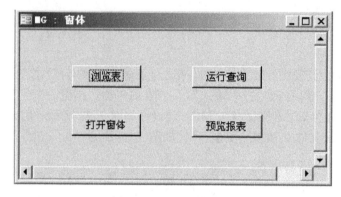

图 7-25　MG 窗体视图

分析：在"MG"窗体中添加 4 个命令，通过运行宏组"MF"，分别执行宏组中的"浏览表"、"运行查询"、"打开窗体"和"预览报表"宏。

步骤

（1）在窗体设计视图中，新建一个名为"MG"的窗体。在窗体中添加 4 个命令按钮，其标题分别为"浏览表"、"运行查询"、"打开窗体"和"预览报表"，如图 7-26 所示。

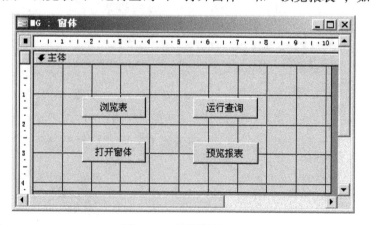

图 7-26　窗体设计视图

（2）打开"浏览表"命令按钮的"属性"窗口，从"事件"选项卡的"单击"列表框中选择要运行的宏"MF.浏览表"，如图 7-27 所示。

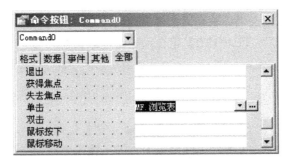

图 7-27　为命令按钮指定宏

（3）用同样的方法为"运行查询"、"打开窗体"和"预览报表"命令按钮分别指定宏"MF.运行查询"、"MF.打开窗体"和"MF.预览报表"。

（4）切换到窗体设计视图，单击不同的命令按钮，测试所运行的宏。

📖 **课堂练习**

1. 新建一个"jishu"窗体，当输入一个整数后，单击"确定"按钮，判断该数值是否是一个奇数。

（1）设计一个窗体，如图 7-28 所示。

（2）设计条件宏，如图 7-29 所示。

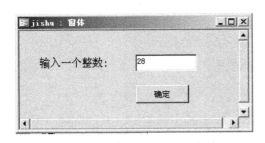

图 7-28　窗体设计视图

图 7-29　条件宏设计视图

2. 创建一个名为"TD"的窗体，当在窗体中输入一个数值时，判断并显示该数是正数、零还是负数。

3. 设计一个宏组，包括 3 个宏，功能为分别打开一个表、窗体和报表；再创建一个窗体，添加 3 个按钮，单击不同的命令按钮时，分别打开相应的宏。

7.4　使用宏键

为了方便使用宏，还可以为某个键或某个组合键指定一个宏，被指定宏的键称之为宏键，又称之为热键。通过创建宏键和定义宏，可以做到在窗体或报表的视图中，通过宏键调用宏并执行它。例如，可以设定组合键【Ctrl+P】打印预览窗体等。

例 10　在 AutoKeys 宏组中创建【F2】键用于打开"学生"表,【Ctrl+P】组合键用于打印预览"学生成绩报表",【Ctrl+F5】组合键给出提示信息"学习 IT 走向成功!"。

分析:根据宏键的语法规则,创建名为 AutoKeys 的宏组与创建其他宏组非常相似。

步骤

(1)新建宏组,在宏的设计视图窗口中添加"宏名"列。

(2)在"宏名"列中输入要使用的键或组合键,输入键或组合键要符合创建的要使用的键或组合键的语法规则,如表 7-1 所示。例如,在"宏名"列输入"{F2}",在"操作"列中选择"OpenTable"操作,在"操作参数"的"表名称"框中选择"学生";在"宏名"列输入组合键【Ctrl+P】,宏键的语法形式为"^P",在"操作"列中选择"OpenReport"操作,在"操作参数"的"报表名称"框中选择"学生成绩报表"等,设置后的结果如图 7-30 所示。

图 7-30　AutoKeys 宏组

(3)以 AutoKeys 为宏组名保存该宏组。

保存该宏组后,在数据库的任意一个对象窗口,按【F2】功能键,系统都能自动打开"学生"表;按【Ctrl+P】组合键可预览打印"学生成绩报表";按【Ctrl+F5】组合键可给出提示信息"学习 IT 走向成功!",如图 7-31 所示。

图 7-31　提示信息框

提示

保存宏键的宏组名一定要是"AutoKeys"。每次打开含有该"AutoKeys"宏组的数据库时，所设置的宏键会自动生效。当用户自定义的 AutoKeys 宏键在 Access 系统中另有定义时，在 AutoKeys 宏键中的定义操作会取代 Access 中的定义。退出含有 AutoKeys 宏键的数据库时，将恢复系统原有的定义。

 相关知识

宏键和宏命令

在通常情况下，要将创建的宏键保存在一个名为 AutoKeys 的宏组中，在该宏组中的宏名栏中需指定与某一宏键相关的宏名，在指定宏名时，必须符合宏键的语法规则。如表 7-1 所示列出了一些组合键的语法规则。

表 7-1 组合键的语法规则

键 组 合	语 法	键 组 合	语 法
Backspace	{KBSP}	Ctrl+P	^P
CapsLock	{CAPSLOCK}	Ctrl+F6	^{F6}
Enter	{ENTER}	Ctrl+2	^2
Insert	{INSERT}	Ctrl+A	^A
Home	{HOME}	Shift+F5	+{F5}
PgDn	{PGDN}	Shift+Del	+{DEL}
Escape	{ESC}	Shift+End	+{END}
PrintScreen	{PRTSC}	Alt+F10	%{F10}
Scroll Lock	{SCROLLLOCK}	Tab	{TAB}
F2	{F2}	Shift+AB 键	+{AB}

Access 2003 中提供了很多宏操作命令，如表 7-2 所示按照英文字母顺序列出了常用的宏命令及功能，以便于用户查询和使用。

表 7-2 常用的宏命令及功能

宏 命 令	功 能
AddMenu	将一个菜单项添加到窗体或报表的自定义菜单栏中，每一个菜单项都需要一个独立的 AddMenu 操作
ApplyFilter	筛选表、窗体或报表中的记录
Beep	产生蜂鸣声
CancelEvent	删除当前事件
Close	关闭指定窗口
CopyObject	将数据库对象复制到目标数据库中

宏　命　令	功　　能
DeleteObject	删除指定的数据库对象
Echo	设定运行宏时是否显示宏运行的结果
FindNext	将按 FindRecord 中的准则寻找下一条记录，通常在宏中选择宏操作 FindRecord，再使用宏操作 FindNext，可以连续查找符合相同准则的记录
FindRecord	在表中查找第一条符合准则的记录
GoToControl	将光标移到指定的对象上
GoToPage	将光标移到窗体中指定页的第一个控件位置
GoToRecord	将光标移到指定记录上
Hourglass	设定在宏执行时将鼠标指针是否显示 Windows 等待时的操作光标
Maximize	将当前活动窗口最大化以充满整个 Access 窗口
Minimize	将当前活动窗口最小化成任务栏中的一个按钮
MoveSize	调整当前窗口的位置和大小
MsgBox	显示一个消息框
OpenDataAccessPage	打开指定的数据库访问页
OpenDiagram	打开指定的数据库图表
OpenForm	打开指定的窗体
OpenFunction	在数据表视图、设计视图、打印预览中打开一个用户定义的函数
OpenModule	打开指定的 VB 模块
OpenQuery	打开指定的查询
OpenReport	打开指定的报表
OpenStoredProcedure	打开指定的存储过程
OpenTable	打开指定的表
OpenView	打开指定的视图
OutputTo	将指定的 Access 对象中的数据传输到另外格式（如.xls、.txt、.dbf 等）的文件中
PrintOut	打印目前处于活动状态的对象
Quit	执行该宏将退出 Access
Rename	更改指定对象的名称
RepaintObject	刷新对象的屏幕显示
Requery	让指定控件重新从数据源中读取数据
Restore	将最大化的窗体恢复到最大化前的状态
RunApp	运行指定的应用程序
RunCode	执行指定的 Access 函数
RunCommand	执行指定的 Access 命令
RunMacro	执行指定的宏
RunSQL	执行指定的 SQL 语句
Save	保存指定的对象

续表

宏 命 令	功 能
SelectObject	选择指定的对象
SendKeys	发送键盘消息给当前活动的模块
SendObject	将指定的 Access 对象作为电子邮件发送给收件人
SetMenuItem	设置自定义菜单中命令的状态
SetValue	设定当前对象的值
SetWarnings	设定是否使用系统的警告信息
ShowAllRecords	关闭所有查询，显示所有的记录
ShowToolbar	设置显示或隐藏内置工具栏或自定义工具栏
StopAllMacros	终止所有正在运行的宏
StopMacro	终止当前正在运行的宏
TransferDatabase	进行数据库之间的数据传递
TransferSpreadsheet	与电子表格文件之间进行数据的传递
TransferText	与文本文件之间进行数据的传递

 习题

一、填空题

1. 宏的设计视图默认时分为_____和_____两列，通常情况下还隐藏_____和_____两列。

2. 建立一个宏，运行该宏时先打开一个表，然后打开一个窗体，那么在该宏中应使用 OpenTable 和_____两个操作命令。

3. "OpenTable"宏操作对应的 3 个参数分别是_____、_____和_____，其中在_____的下拉列表中可以设置表的增加、编辑和只读方式。

4. 有多个操作构成的宏，执行时按宏的_____次序依次执行。

5. 定义_____，有利于对数据库中宏对象的管理。

6. 每次打开 Access 2003 数据库时能自动运行的宏是_____。

7. Access 2003 数据库中要创建一组宏键的宏组名是_____。

8. Maxmize 命令用于_____。

二、选择题

1. 下面关于宏的说法不正确的是（　　　）。
  A．宏能够一次完成多个操作　　B．每个宏命令都是由操作和操作参数组成的
  C．宏是用编程的方法来实现的　　D．宏可以是很多宏命令组成在一起的宏

2．如果要限制宏命令的操作范围，可以在创建宏时定义（　　）。

　　A．宏操作对象　　　　　　　　　B．宏条件表达式

　　C．窗体或报表控件属性　　　　　D．宏操作目标

3．宏可以单独运行，但大部分情况下都与（　　）控件绑定在一起使用。

　　A．命令按钮　　　B．文本框　　　C．组合框　　　D．列表框

4．使用宏打开表有 3 种模式，分别是增加、编辑和（　　）。

　　A．修改　　　　　B．打印　　　　C．只读　　　　D．删除

5．在宏设计视图中，如果某些操作的条件与前一个操作的条件相同，则在该操作的"条件"列中输入（　　）。

　　A．…　　　　　　B．=　　　　　　C．,　　　　　　D．;

6．打开指定报表的宏命令是（　　）。

　　A．OpenTable　　B．OpenQuery　C．OpenForm　　D．OpenReport

7．宏组中宏的调用格式是（　　）。

　　A．宏组名.宏名　　　　　　　　　B．宏组名! 宏名

　　C．宏组名[宏名]　　　　　　　　 D．宏组名(宏名)

8．在 AutoKeys 宏组中【Shift+F2】组合键对应的宏名语法是（　　）。

　　A．{F2}　　　　　B．^{F2}　　　　C．+{F2}　　　D．%{F2}

9．关于 Autoexec 宏的说法正确的是（　　）。

　　A．在每次打开其所在的数据库时，都会自动运行的宏

　　B．在每次启动 Access 时，都会自动运行的宏

　　C．在每次重新启动 Windows 时，都会自动启动的宏

　　D．以上说法都正确

上机操作

一、操作要求

1．创建宏

2．创建条件宏和宏组

3．宏键与常用宏命令的使用

二、操作内容

1．创建一个名为"浏览图书表"的宏，运行该宏时，以只读方式打开"图书"表。

2．修改上题创建的宏，添加一条宏操作"MsgBox"。

3．新建一个窗体，在该窗体上添加"浏览图书表"和"订单窗体"两个命令按钮，单击其中一个命令按钮时执行相应的宏操作。

4．在"图书管理"数据库窗口的工具栏中添加一个"浏览图书表"按钮，单击该按钮时，系统自动运行宏"浏览图书表"，并打开"图书"表。

5．新建一个宏，运行该宏时显示一个信息框，然后调用另一个宏。

6．设置一个带条件的宏，通过"订单"窗体往"订单"表中输入记录时，如果册数小于或等于零，则给出提示信息，并要求重新输入。

7．创建一个名为"HZ"的宏组，该宏组由"H1"、"H2"和"H3"3 个宏组成。其中，宏"H1"的功能是打开"按单位分组"查询；宏"H2"的功能是打开"图书信息"窗体；宏"H3"的功能是预览"图书报表"。每个宏运行后都给一个提示信息。

8．创建一个窗体，在窗体中添加 3 个命令按钮，单击这 3 个按钮，分别执行宏组"HZ"中的宏"H1"、"H2"和"H3"。

9．新建一个窗体，如图 7-32 所示，当输入一个数值后，单击"确定"按钮，可判断该数值是否是一个偶数。

图 7-32   运行窗体

第 8 章 数据的导入和导出

学习目标

- ✧ 能将规则的外部数据导入到 Access 数据库
- ✧ 能将规则的外部数据链接到 Access 数据库
- ✧ 能将 Access 数据库中的数据导出
- ✧ 能使用邮件合并向导合并数据
- ✧ 能用 Word 发布数据
- ✧ 能与 Excel 交换数据

8.1 导入操作

在 Access 2003 中导入外部的数据文件，可以共享其他应用程序中的数据。在 Access 2003 数据库中，导入的数据是通过创建新表的方式来实现的。

例 1 将一个 Excel 电子表格"2008 级期末考试成绩"导入到"成绩管理"数据库中。

分析：Access 2003 允许将多种外部数据文件导入到 Access 数据库中，这些外部文件包括常见的文本文件、Excel 电子表格、HTML 文档和 XML 等。

🐬 **步骤**

（1）打开"成绩管理"数据库。单击"文件"菜单中的"获取外部数据"命令，在弹出的子菜单中选择"导入"选项，打开"导入"对话框，如图 8-1 所示。

（2）在"文件类型"中选择"Microsoft Excel"选项，然后选择"2008 级期末考试成绩"，单击"导入"按钮，打开确定表的字段名称对话框，如图 8-2 所示，选择"第一行包含列标题"复选框，则可将电子表格的第一行作为字段名。

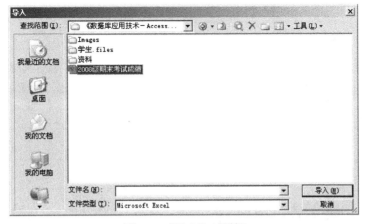

图 8-1 "导入"对话框

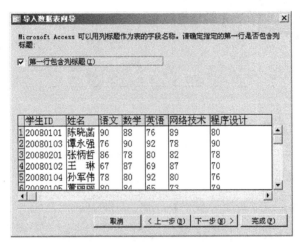

图 8-2 确定表的字段名称对话框

（3）单击"下一步"按钮，打开保存表的方式对话框，如图 8-3 所示，在"请选择数据的保存位置"中选择"新表中"选项。

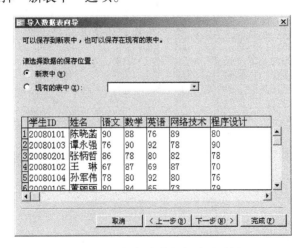

图 8-3 选择保存表的方式对话框

（4）单击"下一步"按钮，打开设置字段信息对话框，如图 8-4 所示。在该对话框中指定要导入到数据库中的字段及该字段是否为索引等。

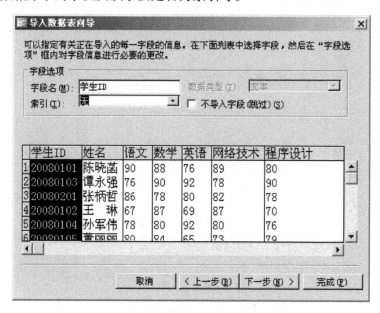

图 8-4　设置字段信息对话框

（5）单击"下一步"按钮，打开定义主键对话框，如图 8-5 所示。考虑到学生 ID 由于输入错误，可能出现重复，因此，选择"不要主键"选项。

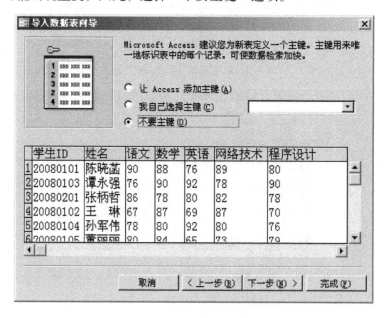

图 8-5　定义主键对话框

（6）单击"下一步"按钮，打开指定表名对话框，输入导入到表的名称，如"2008 级期末考试成绩"，单击"完成"按钮。

完成以上操作后，Access 就将导入的 Excel 电子表格存在"成绩管理"数据库中了。

 提示

从 Excel 表格导入数据的过程中，有时不能成功导入全部数据。一种是完全不能导入，这是因为 Excel 表格的格式不对，如三维表格；另一种是 Excel 表格中部分数据的格式错误，如同一个字段的数据格式不一致。

📖 **课堂练习**

1. 将一个 Access 数据库中的表导入到当前数据库中。
2. 将其他类型的数据表文件（如.dbf格式）导入到当前数据库中。

8.2　链接表操作

链接表就是不需要把其他外部数据源导入到当前数据库中就可以使用的表。链接可以节省空间，减少数据冗余，链接还可以保证访问的数据始终是当前信息。链接的对象也可能会发生存储位置的变化，这样就有可能断开链接。

例 2　将一个 Excel 电子表格文件链接到 Access 数据库中。

分析：将 Excel 电子表格文件链接到 Access 数据库后，就可以在数据库中对该文件进行操作了。

🐬 **步骤**

（1）在数据库窗口中单击"文件"菜单中的"获取外部数据"命令，在弹出的子菜单中选择"链接表"选项，打开"链接"对话框，如图 8-6 所示。在"文件类型"框中选择"Microsoft Excel"选项，然后选择要导入的 Excel 电子表格，如"期末考试成绩"。

图 8-6　"链接"对话框

（2）单击"链接"按钮，打开"链接数据表向导"对话框，如图 8-7 所示。选择工作表或区域。例如，选择"显示工作表"选项。

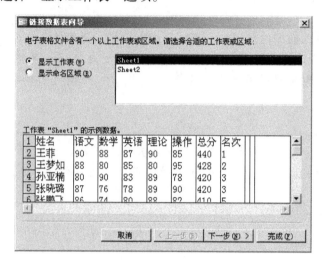

图 8-7   "链接数据表向导"对话框

（3）单击"下一步"按钮，打开下一个"链接数据表向导"对话框。以下各步操作与导入数据操作相同，完成链接操作后在数据库中打开该电子表格文件，就可以进行相关操作了。

 相关知识

打开链接表出现"找不到文件"消息

在打开链接表时如果出现"找不到文件"消息，可能是由于包含所链接表的文件已经移动或重命名，也可能是因为网络连接断开。如果文件已经移动或重命名，在"工具"菜单上选择"数据库实用工具"子菜单，执行"链接表管理器"命令，重新建立同该文件的链接，选定"始终提示新位置"复选框，然后选定要更改链接的表的复选框，最后单击"确定"按钮即可完成更新。

如果在"Windows 资源管理器"中使用了映射网络驱动器的驱动器符号定义链接，该驱动器符号可能已经改变，也可能在当前会话中没有映射。使用通用命名规范（UNC）路径来重新定义链接，对于 Access 定位包含链接表的数据源来说，使用该路径是一个一致且可靠的方法。

📖 **课堂练习**

1. 将另一个 Access 数据库链接到当前数据库。
2. 将一个 Excel 电子表格链接到当前数据库，然后再在当前数据库中打开该电子表格。

8.3 导出操作

导出操作就是将 Access 2003 数据库中的数据生成其他格式的文件，便于其他应用程序使用。Access 数据库中的数据可以导出到其他数据库、电子表格、文本文件和其他的应用程序中。但是由于 Access 与其他数据库应用程序不同，它允许字段可以长达 64 个字节，并允许字段名中包含空格，所以当向其他应用程序导出数据时，它会调整这些字段，甚至有些信息会在导出过程中丢失。

　　例 3　把"成绩管理"数据库中的"成绩"表导出到 Excel 电子表格中。

　　分析：将"成绩"表导出生成 Excel 电子表格后，就可以在 Excel 中对数据进行处理，这种情况特别适合经常使用 Excel 的用户。

👉 步骤

　　（1）在数据库的"表"对象窗口中选择"成绩"表。

　　（2）单击"文件"菜单中的"导出"命令，打开"导出为"对话框，如图 8-8 所示。

图 8-8　"导出为"对话框

　　（3）在"文件名"框中输入新文件名"考试成绩"，在"保存类型"列表框中选择"Microsoft Excel 97-2003"选项，然后单击"导出"按钮，系统自动将"成绩"表转换保存为"考试成绩.xls"文件。

　　经过上述操作，Access 已经把"成绩"表导出成了 Excel 格式的文件。启动 Excel，打开"考试成绩.xls"电子表格，显示结果如图 8-9 所示。

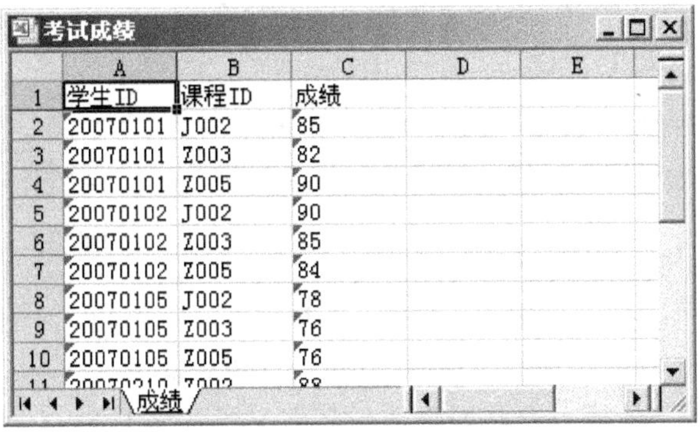

图 8-9　"成绩"电子表格

用户也可以将 Access 数据库中的一个表导入到另一个数据库中。

📖 **课堂练习**

1. 将 Access 数据库中的一个表分别导出为 Excel 电子表格和文本文件。
2. 将 Access 数据库中的一个表导出到另一个 Access 数据库中。

8.4 与 Word 和 Excel 交换数据

8.4.1 使用邮件合并向导合并数据

邮件合并是 Word 的一个强大功能，可以指定 Access 的数据作为合并的数据源。下面以学生成绩单为例，介绍利用邮件合并向导合并 Access 表或查询中的数据。

例 4 利用邮件合并向导合并 Access "2008 级期末考试成绩" 表中的数据。

分析：使用邮件合并功能，可以将记录与其他文本合并在一起逐条显示或打印出来。

🐬 **步骤**

（1）打开"成绩管理"数据库，选择"表"对象，然后单击要合并的数据源"2008 级期末考试成绩"表。

（2）单击工具栏中的"Office 链接"按钮 🖳▾ 右侧的下拉箭头，选择"用 Microsoft Office Word 合并"选项，打开"Microsoft Word 邮件合并向导"对话框，如图 8-10 所示，选择"创建新文档并将数据与其链接"选项。

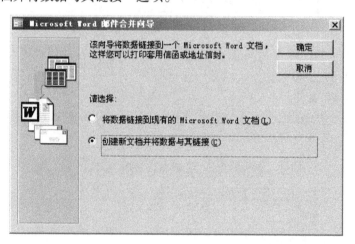

图 8-10 "Microsoft Word 邮件合并向导"对话框

（3）单击"确定"按钮，系统启动 Word 并打开编辑窗口。单击"插入合并域"按钮 插入合并域▾，从列表中选择"姓名"字段，"姓名"字段就会出现在 Word 编辑窗口中，然后输入通知的内容，再分别从插入合并域中选择其他字段，如图 8-11 所示。

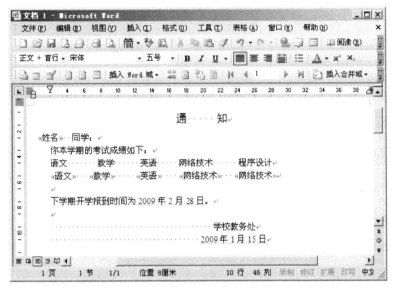

图 8-11　Word 编辑窗口

（4）单击"合并到新文档"按钮，打开"合并到新文档"对话框，如图 8-12 所示，指定要合并的记录。

（5）单击"确定"按钮，Word 将"2008 级期末考试成绩"表中的全部字段内容与文档的内容进行合并，结果如图 8-13 所示。

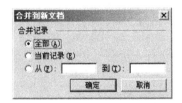

图 8-12　"合并到新文档"对话框

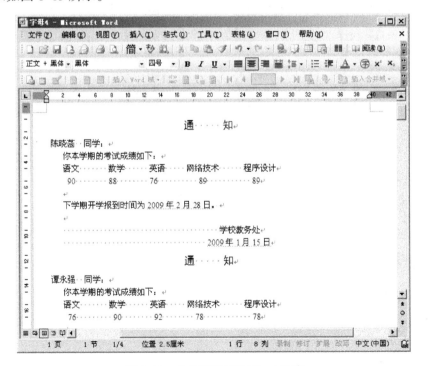

图 8-13　合并数据后的 Word 文档

打印文档后，可以给每位学生发一份通知单。

8.4.2　用 Word 发布数据

Access 还可以直接将表中的数据转换成 Word 文档，这个过程可以用 Office 链接中的"用 MS Word 发布数据"来完成。

例 5　以"成绩管理"数据库中的"学生"表为例，用 Word 发布数据。

分析：用 Word 发布 Access 数据库数据后，就可以直接在 Word 中编辑修饰该文档了。

步骤

（1）在数据库的"表"对象窗口中选择"学生"表。

（2）单击工具栏中的"Office 链接"按钮右侧的下拉箭头，选择"用 Microsoft Office Word 发布"命令。

（3）Access 将自动新建 Word 文档，并把"学生"表中的数据发布到 Word 文档中，如图 8-14 所示。

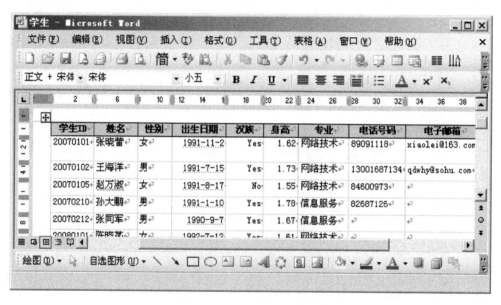

图 8-14　在 Word 中发布 Access 数据

这样，用户可以直接编辑该 Word 文档。

8.4.3　与 Excel 交换数据

Excel 作为 Office 的电子表格组件，也可以很方便地使用 Access 中的数据。具体操作时可以先将数据导出到 Excel 中，整理好数据后再导入到 Access 数据库中，从而实现用 Excel 来分析数据的功能。

例 6　用 Excel 来分析 Access "成绩"表中的数据。

分析：使用 Excel 来分析 Access 数据库中的数据，可以使用 Excel 数据统计计算功能。

 步骤

（1）在数据库的"表"对象窗口中选择"成绩"，单击"Office 链接"按钮右侧的下拉箭头，在下拉列表中选择"用 Microsoft Office Excel 分析"命令。

（2）启动 Excel，并把"成绩"表中的数据传送给它，同时还创建了一个与原表同名的 Excel 电子表格，如图 8-15 所示。

	A	B	C	D
1	学生ID	课程ID	成绩	
2	20070101	J002	85	
3	20070101	Z003	82	
4	20070101	Z005	90	
5	20070102	J002	90	
6	20070102	Z003	85	
7	20070102	Z005	84	
8	20070105	J002	78	
9	20070105	Z003	76	
10	20070105	Z005	76	
11	20070210	Z002	88	
12	20070212	Z002	65	

图 8-15　Excel "成绩" 表电子表格

这时就可以利用 Excel 对"成绩"表中的数据进行分析了。

提示

更为简单的方法是同时打开 Access 和 Excel，将"成绩"表直接拖放到 Excel 编辑窗口的适当位置，表中的数据同样会传送给 Excel，然后就可以进行数据分析了。

课堂练习

1. 使用 Word 合并功能，制作一个学生会议通知单，内容自拟。
2. 将 Access 数据库中的"成绩查询"表使用 Word 进行发布。
3. 将 Access 数据库中的"成绩查询"表使用 Excel 进行数据分析。

 习题

一、填空题

1. 链接表就是不需要把其他外部数据源导入到_____就可以使用。
2. 将数据导出到其他 Access 数据库时，应在选择一个表之后，执行"文件"菜单中的

_____命令。

3．将 Access 数据库中的一个表导出到另一个 Access 数据库中时，导出表分为导出定义和数据与_____两种方式。

4．Access 数据库中的表在与 Office 链接时，分为_____、_____和_____3 种类型。

二、选择题

1．Access 可以导入或链接的数据源是（　　　）。

　　A．Access　　　　B．FoxPro　　　　C．Excel　　　　D．以上都是

2．只建立一个指向源文件的关系，磁盘中不会存储另外的一个副本，比较节省空间，该操作是（　　　）。

　　A．导入　　　　B．链接　　　　C．导出　　　　D．排序

3．不将 Excel 建立的"工资"数据复制到 Access 建立的"工资"中，仅用 Access 建立的"工资"库的查询进行计算，最方便的方法是（　　　）。

　　A．建立导入表　　　　　　　　B．建立链接表
　　C．重新建立新表并输入数据　　D．复制表

4．Access 无法将数据导出为（　　　）。

　　A．Word 文档　　　　　　　　B．Excel 电子表格
　　C．HTML 文档　　　　　　　　D．文本文件

5．如果要将表导出为 HTML 格式，应选择的类型为（　　　）。

　　A．Web　　　　　　　　　　　B．ODBC
　　C．HTML 文档　　　　　　　　D．文本文件

上机操作

一、操作要求

1．能将 Excel 电子表格数据导入到 Access 数据库中。
2．能将 Excel 电子表格链接到 Access 数据库。
3．能将 Access 数据库中的数据导出为 Excel 电子表格。
4．能用 Word 发布数据。
5．能与 Excel 交换数据。

二、操作内容

1．将一个 Excel 文件导入到 Access "图书管理"数据库中，然后在数据库中浏览数据。

2．将一个 Excel 文件链接到 Access "图书管理"数据库中，然后在数据库中浏览数据。

3．将"图书管理"数据库中的"图书"表导出为 Excel 电子表格。

4．将"图书管理"数据库中的"订单"表导出到 Access 数据库 DD 中（如果没有 DD 数据库，先自行建立该数据库）。

5．使用 Word 邮件合并 Access 数据库"单位"表中的数据，并拟定一个会议通知，内容自定。

6．用 Word 发布"图书管理"数据库"订单"表中的数据。

7．用 Excel 交换"图书管理"数据库"订单"表中的数据。

第9章 数据的优化和安全设置

学习目标

✧ 能够对 Access 数据库进行优化分析
✧ 能对 Access 数据库进行安全管理
✧ 能设置数据库的密码
✧ 能对 Access 数据库进行压缩和修复

在设计数据库时，由于前期设计规划和事后维护的不好，常常会造成数据库运行效率不高。Access 提供了很多工具来构造、管理和优化数据库。同时由于数据库内保存大量数据，所以数据库的安全问题显得非常重要。本章就来介绍如何优化分析数据库和数据库的安全设置。

9.1 优化分析数据库

前面已经介绍了数据库的基本操作，但有时候建立的数据库用起来很慢，那是因为数据库在建立的时候就没有对它进行过优化分析。Access 提供了"表分析器向导"、"性能分析器"和"文档管理器"3 个数据库优化分析工具，下面介绍数据库的优化分析方法。

9.1.1 表的优化分析

例 1 试对"成绩管理"数据库中的表进行优化分析。

分析： 优化分析 Access 数据库中的表，可以使用"表分析器向导"进行分析。

步骤

（1）打开"成绩管理"数据库，单击"工具"菜单上的"分析"选项，弹出的菜单上有"表分析器向导"、"性能"和"文档管理器"3 个命令。这 3 个命令可以对相应的内容进行优化。

（2）单击"表分析器向导"命令，Access 开始准备这个表分析器向导，在这个向导的第一页中，提供了建立表时常见的一个问题，如图 9-1 所示。这就是表或查询中多次存储了相同的信息，而且重复的信息将会带来很多问题。

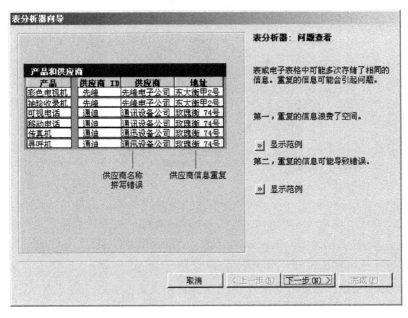

图 9-1　表分析器向导—问题查看对话框

（3）单击"下一步"按钮，分析器提示怎样解决第一步中遇到的问题。解决的办法是将原来的表拆分成几个新的表，使新表中的数据只被存储一次，如图 9-2 所示。

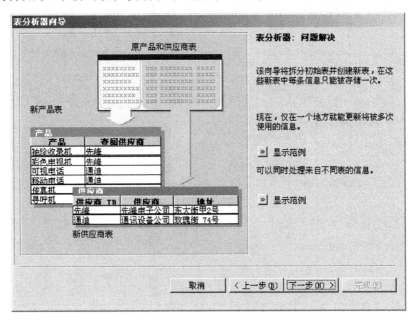

图 9-2　表分析器向导—问题解决对话框

（4）单击"下一步"按钮，在这一步中的列表框中选择需要分析的表，如图 9-3 所示。虽然 Access 提示只需选择有重复信息的表，但最好对所有的表都做一个分析。

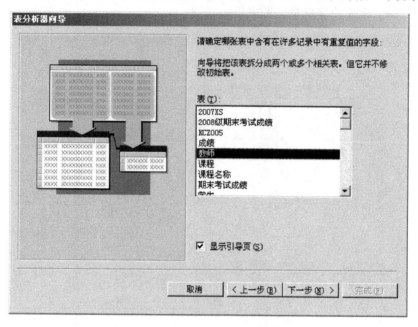

图 9-3　选择需要分析的表对话框

（5）当选择好需要分析的表以后，单击"下一步"按钮，在这一步中选择"是，让向导决定"，这样就可以让 Access 自动完成对这个表的分析，如图 9-4 所示。

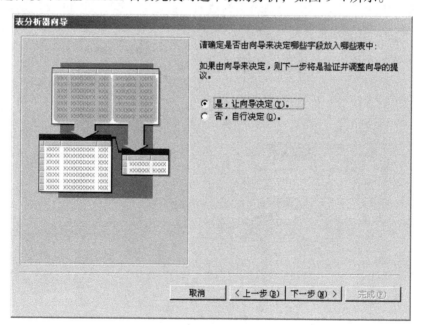

图 9-4　选择分析选项对话框

（6）单击"下一步"按钮，通过分析后弹出一个对话框，如图 9-5 所示。在这个对话框中将会告诉我们在上一步中所选的表是否需要进行拆分，以达到优化的目的。如果不需要拆分，就单击"取消"按钮，退出这个分析向导，建立的表就不用再优化了。

图 9-5　拆分提示信息对话框

如果单击了"下一步"按钮后，并没有弹出这样一个对话框，而是出现了另外一个对话框。这就说明所建立的表需要拆分才能将这些数据合理地进行存储。现在 Access 的分析向导已经将表拆分成了几个表，并且在各个表之间建立起了一个关系。只要为这几个表分别取名就可以了。这时只要将鼠标移动到一个表的字段列表框上，双击这个列表框的标题栏，在屏幕上即会弹出一个对话框，在这个对话框中就可以输入这个表的名字。输入完以后，单击"确定"按钮即可。

现在再单击"下一步"按钮，向导询问是否自动创建一个具有原来表名字的新查询，并且将原来的表改名。这样做，可以使基于初始表的窗体、报表或页能继续工作。这样既能优化初始表，又不会使原来所做的工作因为初始表的变更而作废。所以通常都选择"是，创建查询"，并且不选"显示关于处理新表和查询的帮助信息"。当这一切都完成以后，单击"完成"按钮，这样一个表的优化分析就完成了。

9.1.2　数据库性能分析

例 2　试对"成绩管理"数据库进行性能分析。

分析：对 Access 数据库进行性能分析可以使用"性能分析器"。

步骤

（1）单击"工具"菜单中的"分析"项，选择"性能"命令。现在就可以开始对整个数据库进行性能分析了。为了使用的方便，常常选择"全部对象类型"选项，如图 9-6 所示。

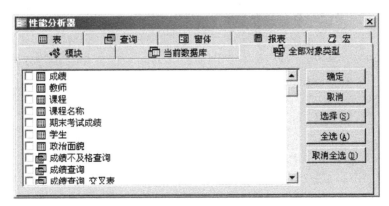

图 9-6　"性能分析器"对话框

（2）单击选项卡上的"全选"按钮，然后单击"确定"按钮，Access 开始为数据库进行优化分析，分析结果如图 9-7 所示。

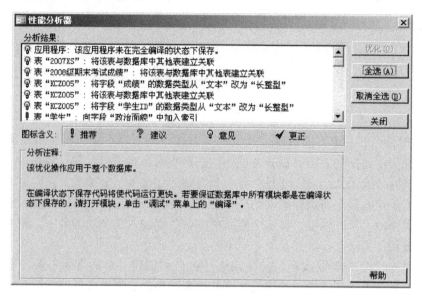

图 9-7　数据库性能分析结果对话框

在分析结果列表中的每一项前面都有一个符号，每个符号都代表一个含义。如果在列表框中有"推荐"和"建议"选项，单击"全部选定"按钮，这时在列表框中的每个选项就都被选中了。

（3）完成这些以后，单击"优化"按钮，原来的"推荐"和"建议"项都变成了"更正"项，说明已经将这些问题都解决了，如图 9-8 所示。

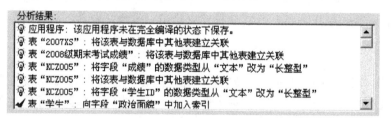

图 9-8　优化后的提示对话框

带"灯泡"符号的"意见"项没有变化，当选中其中的一个"意见"选项时，就会发现在这个对话框中的"分析注释"中会详细列出 Access 解决这个问题的方法。

（4）单击"关闭"按钮，然后按照提示操作即可。

9.1.3　文档管理器

单击"工具"菜单中的"分析"项，选择"文档管理器"命令，出现如图 9-9 所示的对话框。

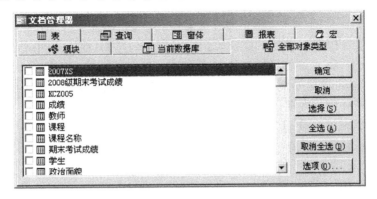

图 9-9 "文档管理器"对话框

在该对话框上有一个"选项"按钮,这个按钮是用来确定打印表的含义的。单击该按钮,打开如图 9-10 所示的对话。

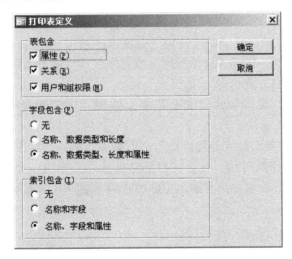

图 9-10 打印选项设置对话框

该对话框中包含"表包含"、"字段包含"和"索引包含"3 个包含组,选择组中不同的选项,会改变打印表,也就是将要显示的信息的内容。最后单击"确定"按钮。

有了这些信息,有经验的 Access 用户就可以从打印出的信息资料上分析出所建立的数据库存在的问题。

📖 **课堂练习**

1. 对"成绩管理"数据库中的"学生"表进行优化分析。
2. 对"成绩管理"数据库进行性能分析。

9.2 安全管理

通常建立的数据库并不希望所有的人都能使用,都能修改数据库中的内容。这就要求对数据库实行更加安全的管理。基本的方法是限制一些人的访问，限制修改数据库中的内容。访问者必须输入相应的密码才能对数据库进行操作，而且输入不同密码的人所能进行的操作也是有限制的。除了这些，数据库的安全还包括对数据库中的数据进行加密和解密工作。这样需要保密的数据库就不能被别人轻易攻破了，从而起到了安全保密的作用。在Access 中提供了帮助用户实现安全管理的命令。

要对数据库进行安全管理，首先需要将这个数据库打开，然后单击"工具"菜单上的"安全"项，再选择不同的选项对数据库进行安全管理。

9.2.1 设置和取消密码

例 3　试对"成绩管理"数据库设置密码。

分析：对 Access 数据库设置密码，能起到安全保密的作用。

步骤

（1）以"独占"方式打开"成绩管理"数据库。单击 Access 工具栏上的"打开"按钮，出现"打开"对话框，选择"成绩管理"数据库，然后单击对话框"打开"按钮右侧的下拉按钮，选择"以独占方式打开"项。

（2）单击"工具"菜单中的"安全"项，选择"设置数据库密码"命令，出现如图 9-11 所示的对话框。

（3）在该对话框中要求输入并验证输入的数据库密码，然后单击"确定"按钮。

当下次打开该数据库的时候，就会在打开数据库之前出现一个对话框，要求输入该数据库的密码，如图 9-12 所示。只有输入正确的密码才能打开该数据库，否则就不能打开数据库。

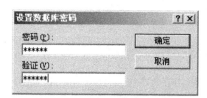

图 9-11　"设置数据库密码"对话框

图 9-12　"要求输入密码"对话框

撤销密码也很简单。当给一个数据库设置了一个密码后，要想撤销这个密码可单击"工具"菜单中的"安全"项，选择"撤销数据库密码"命令，出现"撤销数据库密码"对话框，输入正确的密码后，就可以将这个数据库的密码撤销了。

9.2.2 设置用户和组的权限

单纯的密码只能起到不能打开这个数据库的作用，要使数据库的使用者拥有不同的权限，即有的人可以修改数据库里的内容，而有的人只能看看数据库的内容而不能修改，这就需要为不同的用户或某群用户组设置权限。

（1）单击"工具"菜单中的"安全"项，选择"用户与组权限"命令，出现如图 9-13

所示的对话框。

图 9-13　"用户与组权限"对话框

（2）在该对话框中，可以更改不同用户对数据库或其中的某个对象的访问权限。假如想使用户"陈晓菡"只能打开运行数据库的窗体，而不想让她能打开其他的表或查询，只需要先在用户名中选择"陈晓菡"，然后在对象类型下拉框中选择"窗体"，然后单击"确定"按钮就可以使"陈晓菡"在使用中只能看到窗体，而不能修改其他数据内容了。

上面只介绍了怎样设置用户或组的权限，但怎样才能使每个用户都有一定的权限，还必须要给每个用户或组一个账号，这样才能进行管理，以便分配权限。单击"工具"菜单中的"安全"项，选择"用户与组账户"命令，添加用户或组，如图 9-14 所示。

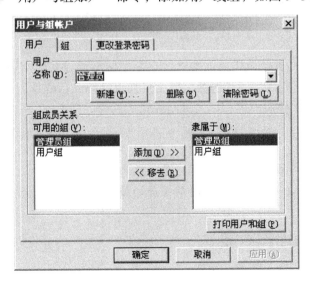

图 9-14　"用户与组账户"对话框

设置不同的组可以有不同的权限，这样管理以后，处于同一组中的用户就有同样的权限了。

当一个用户用他原来的密码登录到 Access 数据库后，由于安全原因，可以修改自己的访问密码。

9.2.3 数据库编码

对于一个普通的 Access 数据库文件来说，由于可以使用一些工具绕过它的密码，直接读取里面的数据表，所以必须有一种方法将这种数据库文件进行加密编码，以避免非法的访问出现，这样这个数据库才能算是安全的。

如果要对某个数据库文件进行加密编码，可单击"工具"菜单中的"安全"项，选择"编码/解码数据库"命令，出现如图 9-15 所示的"数据库编码后另存为"对话框。

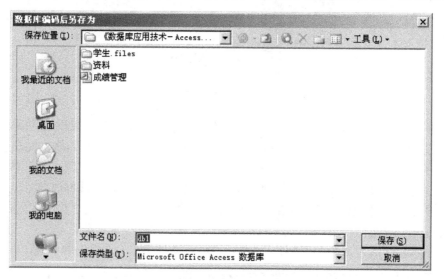

图 9-15 "数据库编码后另存为"对话框

在该对话框中输入文件名后，单击"保存"按钮就可以对这个数据库进行编码了。该功能不是对数据库设置密码，只是对数据库文件加以编码，目的是为了防止他人使用别的工具来直接查看数据库文件的内容，如二进制编辑工具等。

📖 **课堂练习**

1. 对"成绩管理"数据库设置密码，关闭后再打开该数据库。
2. 添加一个用户，再设置该用户对数据库的访问权限。

9.3 数据库的压缩和修复

在删除或修改 Access 中的表记录时，数据库文件可能会产生很多碎片，使数据库在硬盘上占据比其所需空间更大的磁盘空间，并且响应时间变长。Access 系统提供了使用菜单命令压缩数据库的功能，可以实现数据库文件的高效存放。

要压缩当前 Access 数据库文件，可单击"工具"菜单中的"数据库实用工具"项，选择"压缩和修复数据库"命令，系统会自动对数据库进行压缩和修复。

如果关闭当前 Access 数据库，再重新启动 Access 后，单击"工具"菜单中的"数据库实用工具"项，选择"压缩和修复数据库"命令，系统会打开如图 9-16 所示的"压缩数据库来源"对话框。

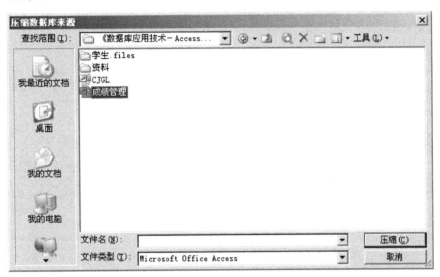

图 9-16 "压缩数据库来源"对话框

选择要压缩的数据库文件，单击"压缩"按钮，系统会打开如图 9-17 所示的对话框，输入压缩后的数据库文件名后，单击"保存"按钮，Access 会立即开始压缩所选的数据库。

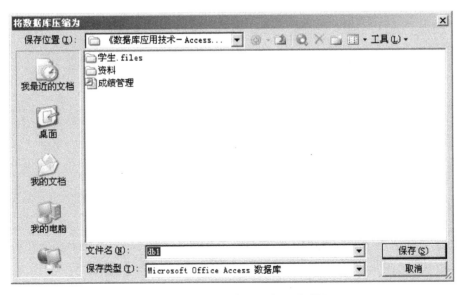

图 9-17 "将数据库压缩为"对话框

压缩后的数据库可以直接用 Access 打开使用，不需要对压缩后的数据库文件进行解压缩。

 相关知识

不能压缩数据库的原因

压缩数据库文件可以提高数据库的性能，但是有些时候在压缩数据库时，系统会提醒用户该数据库不能压缩。如果在 Access 数据库中删除数据库对象，或者在 Access 项目中删除对象，Access 数据库或 Access 项目可能会产生碎片并会降低磁盘空间的使用效率。压缩 Access 数据库或 Access 项目实际上是复制该文件，并重新组织文件在磁盘上的存储方式。压缩数据库文件确实可以提高数据库的性能，修复数据库中的错误。一般来说，Access 数据库或 Access 项目不能压缩有以下原因。

（1）磁盘空间已经不能同时容纳原始与压缩的 Access 数据库或 Access 项目，可删除不必要的文件后重试一次。

（2）没有"打开/运行"和"以独占方式打开"Access 数据库的权限。如果没有拥有此数据库，请与其拥有者联系以决定是否可以获得这个数据库的这两个权限。如果拥有此数据库，必须更新权限。

（3）其他用户打开了 Access 数据库或 Access 项目。

（4）Access 数据库或 Access 项目位于只读的共享网络中，或它的文件属性设置为"只读"。

📖 课堂练习

先查看"成绩管理"数据库所占用的存储空间，然后再对该数据库进行压缩，查看压缩后的数据库所占用的存储空间。

习题

一、填空题

1. 优化分析 Access 数据库，系统提供了_____、_____和_____3个数据库优化分析工具。

2. 对 Access 数据库进行性能分析后，性能分析器中通常会出现_____、_____、_____和_____4种分析结果，并用图标标注这些结果。

3. 在长时间使用 Access 数据库时，数据库文件可能会产生很多碎片，占据大量的磁盘空间，并且响应时间变长。使用 Access 系统提供的_____功能，可以实现数据库文件的高效存放。

二、选择题

1. 能对 Access 数据库中的表进行优化分析的工具是（　　）。
   A. 表分析器向导　　　　　　　　　B. 性能
   C. 文档管理器　　　　　　　　　　D. 压缩数据库
2. 下列不是对 Access 数据库进行安全管理设置的是（　　）。
   A. 设置数据库密码　　　　　　　　B. 用户与组权限
   C. 编码/解码数据库　　　　　　　　D. 压缩和修复数据库

上机操作

一、操作要求

1. 能对 Access 数据库进行优化分析。
2. 能对 Access 数据库进行安全管理。
3. 能将 Access 数据库进行压缩和修复。

二、操作内容

1. 对"图书管理"数据库中的表进行优化分析。
2. 对"图书管理"数据库进行性能分析。
3. 使用文档管理器对"图书管理"数据库中的"图书"表进行分析。
4. 对"图书管理"数据库设置密码，关闭后再打开该数据库，检查设置的密码是否有效。
5. 创建一个用户，设置该用户不能修改"图书"表的结构。
6. 压缩"图书管理"数据库，对比压缩前后该数据库所占用的字节。

第 10 章 数据库应用开发实例

学习目标

◇ 了解数据库应用程序开发的基本流程
◇ 会根据实际需要进行简单的数据库设计
◇ 能对数据库应用程序进行界面设计
◇ 会设计数据库应用程序的菜单
◇ 能对数据库应用程序进行基本管理与维护

本章以模拟学校成绩管理系统为例，综合应用 Access 2003 的知识和功能，介绍数据库应用程序的一般开发过程。这不仅是对前面学到的知识的一个系统而全面的巩固，也是对数据应用能力的提高。

10.1 系统分析

10.1.1 需求分析

需求分析是指在系统开发之前必须准确了解用户的需求，这是数据库设计的基础，它包括数据和处理两个方面。做好了需求分析，可以使数据库的开发高效且合乎设计标准。学校成绩管理系统主要是为了满足学生成绩管理人员的工作而设计的，应包括对学生基本信息的管理和对学生成绩的管理，以及利用计算机进行数据记录的添加、修改、删除、查询和报表打印等功能，完全替代手工操作，以提高工作效率。

10.1.2 模块设计

本系统的应用程序界面包括菜单和特定的窗体操作，通过菜单打开窗体进行数据管理。因此，根据成绩管理系统实现的功能，该应用程序的系统结构如图 10-1 所示。

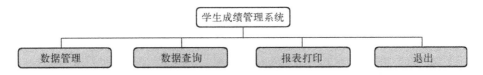

图 10-1　成绩管理系统模块结构

（1）数据管理：对"学生"表和"成绩"表中的记录进行浏览、添加、保存、修改和删除等。

（2）数据查询：包括学生基本信息查询和学生成绩查询。

（3）报表打印：包括学生基本信息报表打印和学生成绩报表打印。

（4）退出：退出管理程序。

10.1.3　数据库设计

根据需求分析，本系统应含有"学生"表、"成绩"表、"课程"表和"教师"表等，这 4 个数据表包含在数据库"成绩管理"中。

"学生"表中的字段为学生 ID、姓名、性别、出生日期、汉族、身高、专业、电话号码、电子邮箱、照片和奖惩。

"成绩"表中的字段为学生 ID、课程 ID 和成绩。

"课程"表中的字段为课程 ID、课程名和授课教师 ID。

"教师"表中的字段为教师 ID 和姓名。

"成绩管理"数据库中各表之间的关系如图 10-2 所示，各表的结构、字段属性及记录参考前面的章节内容。

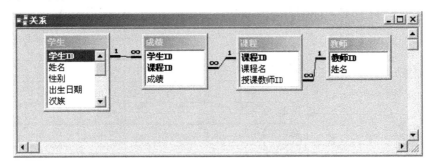

图 10-2　各表之间的关系

10.2　界面设计

10.2.1　登录界面设计

从主控程序启动系统后，首先显示启动画面，如图 10-3 所示。该窗体画面包括 1 张窗体背景图片和"学生成绩管理系统"、"东方育才职业学校"、"二〇〇九年一月"3 个标签控件。

图 10-3   系统登录界面

该登录界面窗体及其控件属性如表 10-1 所示。

表 10-1   系统登录窗体部分控件属性

控 件	属 性	属 性 值
窗体	默认视图	单个窗体
	记录选定器	否
	导航按钮	否
	分隔线	否
	图片	T1.jpg
	图片类型	嵌入
	图片缩放模式	拉伸
学生成绩管理系统（标签）	字体名称	方正姚体
	字体大小	24
东方育才职业学校（标签）	字体名称	黑体
	字体大小	12
二〇〇九年一月（标签）	字体名称	宋体
	单击	9

当用户单击启动画面（包括单击窗体界面和两个文本框控件）时，该画面消失，并显示应用程序主控面板和应用程序菜单。启动画面窗体的触发事件是通过调用宏"启动"来实现的。"启动"宏的设计视图如图 10-4 所示。将窗体"主体"节及 3 个标签控件的"单击"

属性设置为"启动"宏。

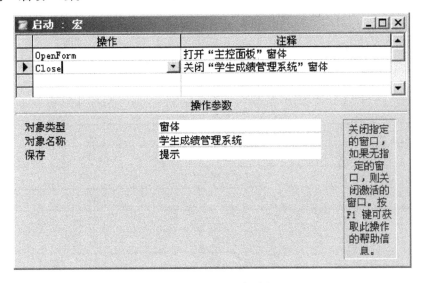

图 10-4 "启动"宏设计视图

10.2.2 主控面板设计

"主控面板"窗体显示了系统的功能,如图 10-5 所示。在"主控面板"窗体中用户既可以通过单击相应的命令按钮来完成相应的功能,也可以通过选择系统主菜单中的相应命令菜单来实现系统的各项功能。

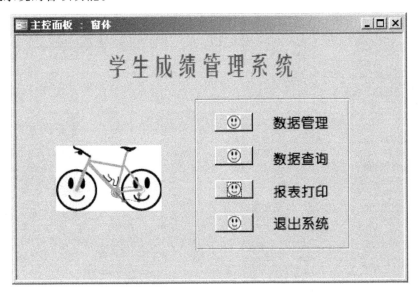

图 10-5 "主控面板"窗体视图

如表 10-2 所示列出了"主控面板"窗体中各控件部分属性的设置。

表 10-2　"主控面板"窗体部分控件属性

控　件	属　性	属　性　值
窗体	默认视图	单个窗体
	记录选定器	否
	导航按钮	否
	分隔线	否
学生成绩管理系统（标签）	字体名称	方正姚体
	字体大小	22
数据管理、数据查询、 报表打印、退出系统（标签）	字体名称	幼圆
	字体大小	12
图像	图片	T2.jpg
	图片类型	嵌入
	图片缩放模式	拉伸
"数据管理"（按钮）	单击	宏"主控面板.数据管理"
"数据查询"（按钮）	单击	宏"主控面板.数据查询"
"报表打印"（按钮）	单击	宏"主控面板.报表打印"
"退出系统"（按钮）	单击	宏"主控面板.退出系统"
矩形	特殊效果	蚀刻

　　"主控面板"窗体中的命令按钮是通过宏组"主控面板"来实现的。宏组"主控面板"的设计视图如图 10-6 所示。

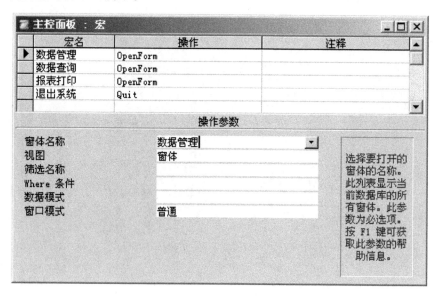

图 10-6　宏组"主控面板"设计视图

　　如表 10-3 所示列出了宏组"主控面板"中各宏对应的操作及属性。

表 10-3 宏组"主控面板"中各宏对应的操作及属性

宏 名	操 作	属 性	属 性 值
数据管理	OpenForm	窗体名称	数据管理
		视图	窗体
数据查询	OpenForm	窗体名称	数据查询
		视图	窗体
报表打印	OpenForm	窗体名称	报表打印
		视图	窗体
退出系统	Quit		

10.2.3 数据管理设计

单击"主控面板"窗体中的"数据管理"按钮,打开"数据管理"窗体,如图 10-7 所示,包括"学生管理"和"成绩管理"。

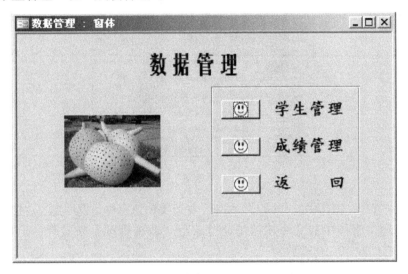

图 10-7 "数据管理"窗体视图

如表 10-4 所示列出了"数据管理"窗体中命令按钮控件部分属性的设置。

表 10-4 "数据管理"窗体命令按钮控件部分属性

"学生管理"(按钮)	单击	宏"数据管理.学生管理"
"成绩管理"(按钮)	单击	宏"数据管理.成绩管理"
"返回"(按钮)	单击	宏"数据管理.返回"

单击"数据管理"窗体中的"学生管理"按钮,打开如图 10-8 所示的窗体。

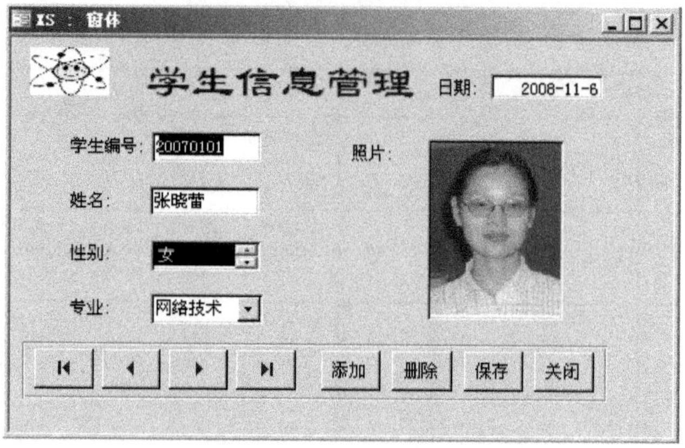

图 10-8 “XS”窗体

在该窗体中通过记录导航按钮可以浏览记录。通过添加、删除、保存、关闭按钮可以分别实现添加、删除、保存和关闭窗体的功能。

单击“数据管理”窗体中的“成绩管理”按钮，打开如图 10-9 所示的窗体，在该窗体中可以修改记录数据。

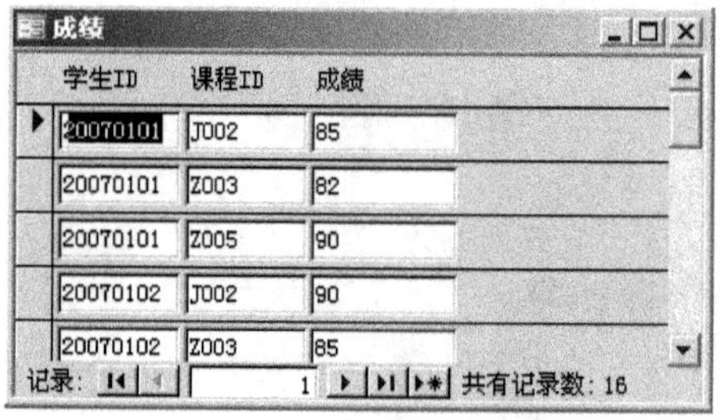

图 10-9 “成绩”窗体

单击“数据管理”窗体中的“退出”按钮，则可关闭该窗体，返回到“主控面板”窗体。

“数据管理”窗体中的命令按钮是通过宏组“数据管理”来实现的，宏组“数据管理”的设计视图如图 10-10 所示。

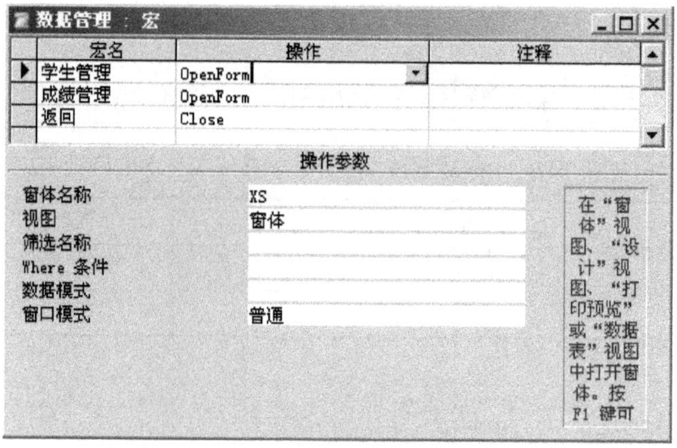

图 10-10 宏组“数据管理”设计视图

如表 10-5 所示列出了宏组"数据管理"中各宏对应的操作及属性。

表 10-5　宏组"数据管理"中各宏对应的操作及属性

宏　　名	操　　作	属　　性	属　性　值
学生管理	OpenForm	窗体名称	XS
		视图	窗体
成绩管理	OpenForm	窗体名称	成绩
		视图	窗体
返回	Close	对象类型	窗体
		对象名称	数据管理

10.2.4　数据查询设计

单击"主控面板"窗体中的"数据查询"按钮，打开"数据查询"窗体，如图 10-11 所示，包括"学生查询"和"成绩查询"。

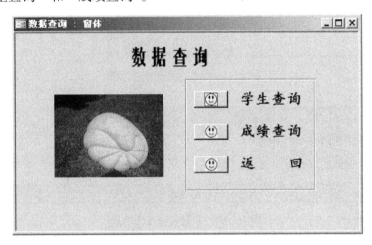

图 10-11　"数据查询"窗体视图

如表 10-6 所示列出了"数据查询"窗体中命令按钮控件部分属性的设置。

表 10-6　"数据查询"窗体命令按钮控件部分属性

名　　称	操　　作	结　　果
"学生查询"（按钮）	单击	宏"数据查询.学生查询"
"成绩查询"（按钮）	单击	宏"数据查询.成绩查询"
"返回"（按钮）	单击	宏"数据查询.返回"

单击"数据查询"窗体中的"学生查询"按钮，打开如图 10-12 所示的对话框，输入要查询的学生姓名，单击"确定"按钮，打开如图 10-13 所示的对话框，输入性别，再单击"确定"按钮后，给出查询结果，如图 10-14 所示。

图 10-12　查找学生姓名对话框

图 10-13　查找性别对话框

图 10-14　学生基本信息查询结果

单击"数据查询"窗体中的"成绩查询"按钮，打开如图 10-15 所示的对话框，输入要查询的学生 ID，单击"确定"按钮，给出查询结果，如图 10-16 所示。

图 10-15　学生学号查询对话框

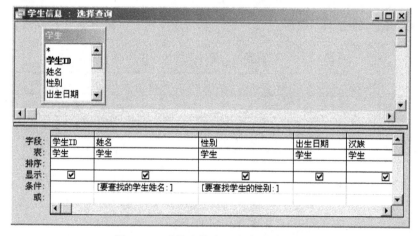

图 10-16　学生成绩查询结果

"学生信息"和"成绩查询"设计视图分别如图 10-17 和图 10-18 所示。

图 10-17　"学生信息"查询设计视图

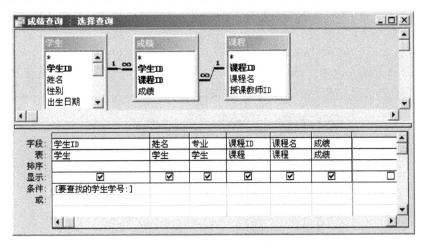

图 10-18　"学生成绩"查询设计视图

"数据查询"窗体中的命令按钮是通过宏组"数据查询"来实现的，宏组"数据查询"的设计视图如图 10-19 所示。

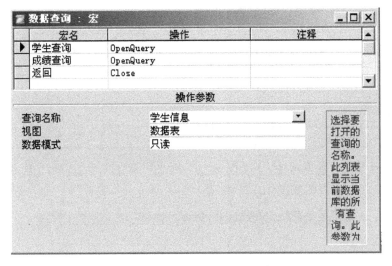

图 10-19　宏组"数据查询"设计视图

如表 10-7 所示列出了宏组"数据查询"中各宏对应的操作及属性。

表 10-7　宏组"数据查询"中各宏对应的操作及属性

宏　　名	操　　作	属　　性	属　性　值
学生查询	OpenQuery	查询名称	学生信息
		视图	窗体
成绩查询	OpenQuery	查询名称	成绩查询
		视图	窗体
返回	Close	对象类型	窗体
		对象名称	数据查询

10.2.5　报表打印设计

单击"主控面板"窗体中的"报表打印"按钮，打开"报表打印"窗体，如图 10-20 所示，包括"学生信息"和"学生成绩"报表打印。

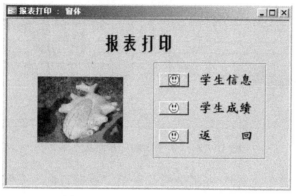

图 10-20　"报表打印"窗体视图

如表 10-8 所示列出了"报表打印"窗体中命令按钮控件部分属性的设置。

表 10-8　"报表打印"窗体中命令按钮控件部分属性

名　　　称	操　　作	结　　果
"学生信息"（按钮）	单击	宏"报表打印.学生信息"
"学生成绩"（按钮）	单击	宏"报表打印.学生成绩"
"返回"（按钮）	单击	宏"报表打印.返回"

单击"报表打印"窗体中的"学生信息"按钮，可打印预览学生基本信息报表，如图 10-21 所示，其设计视图如图 10-22 所示。

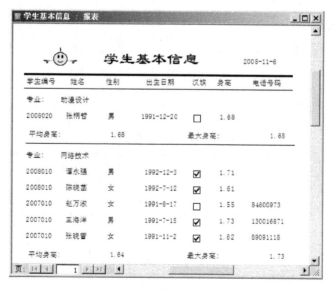

图 10-21　学生基本信息报表打印预览结果

图 10-22　学生基本信息报表设计视图

单击"报表打印"窗体中的"学生成绩"按钮，可打印预览学生成绩报表，结果如图 10-23 所示，其设计视图如图 10-24 所示。

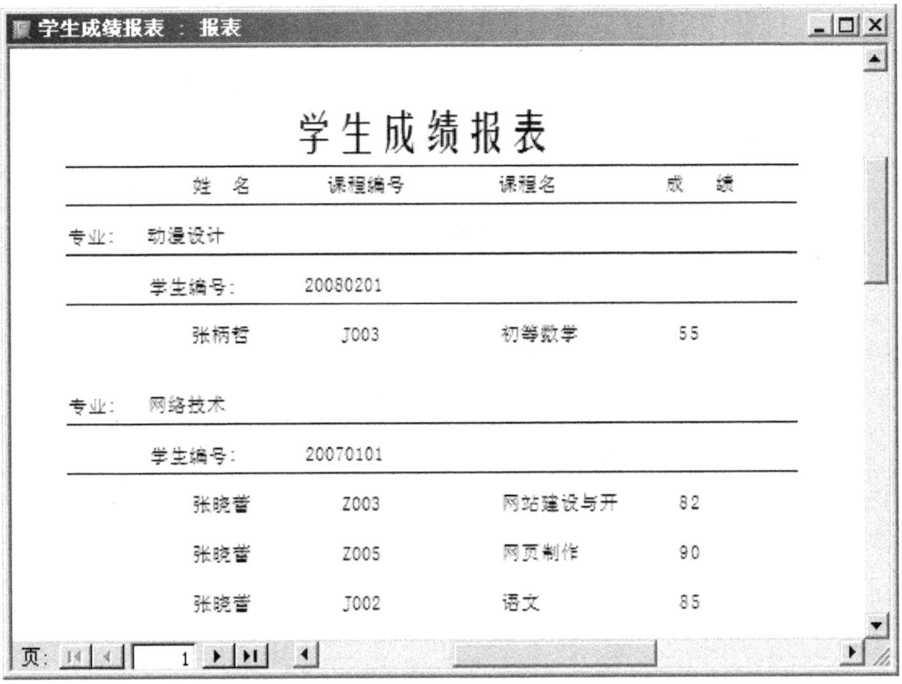

图 10-23　学生成绩报表打印预览结果

图 10-24　学生成绩报表设计视图

"报表打印"窗体中的命令按钮是通过宏组"报表打印"来实现的，宏组"报表打印"的设计视图如图 10-25 所示。

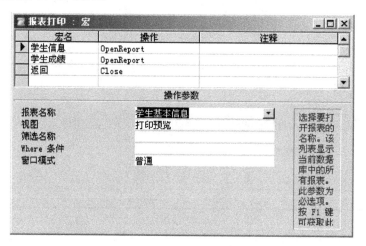

图 10-25　宏组"报表打印"设计视图

如表 10-9 所示列出了宏组"报表打印"中各宏对应的操作及属性。

表 10-9　宏组"报表打印"中各宏对应的操作及属性

宏　名	操　作	属　性	属　性　值
学生信息	OpenReport	报表名称	学生基本信息
		视图	打印预览
学生成绩	OpenReport	报表名称	学生成绩报表
		视图	打印预览
返回	Close	对象类型	窗体
		对象名称	报表打印

10.3 菜单设计

一个完整的数据库管理系统应该有一个菜单栏，把数据库的各个对象连接起来。这样，用户既可以通过窗体对应用程序的各个模块进行操作，也可以通过菜单进行操作。

创建应用程序的窗口菜单可以通过创建宏的方法来实现。如表 10-10 所示列出了学生成绩管理系统的菜单栏及菜单项。

表 10-10 菜单栏及菜单项

菜单栏名称（宏组）	菜单项（宏名）	宏 操 作	对 象 名 称	视 图
数据管理	学生管理	OpenForm	XS	窗体
	成绩管理	OpenForm	成绩	窗体
	返 回	Close	数据管理	窗体
数据查询	学生查询	OpenQuery	学生信息	数据表
	成绩查询	OpenQuery	成绩查询	数据表
	返 回	Close	数据查询	窗体
报表打印	学生信息	OpenReport	学生基本信息	打印预览
	学生成绩	OpenReport	学生成绩报表	打印预览
	返 回	Close	报表打印	窗体
退出	退出系统	Quit		

宏组"数据管理"、"数据查询"、"报表打印"和"退出"在前面已经创建。例如，宏组"报表打印"的设计视图如图 10-25 所示。

下面，创建一个名为"主菜单"的宏，将各下拉菜单组合到菜单栏中。"主菜单"宏的设计视图如图 10-26 所示。

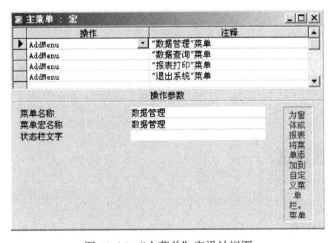

图 10-26 "主菜单"宏设计视图

设计好主菜单后，还需要把主菜单挂接到"主控面板"窗体上，当打开"主控面板"时激活主菜单栏。打开"主控面板"窗体的"属性"窗口，在"菜单栏"中选择该菜单对应的"主菜单"宏，如图 10-27 所示。

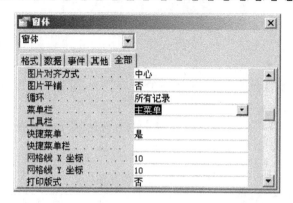

图 10-27 "主控面板"窗体"菜单栏"属性设置

至此，已经建立了学生成绩管理系统的主菜单，每当打开学生成绩管理系统的"主控面板"窗体时，即会显示该系统的主菜单，如图 10-28 所示。这时就可以通过主控面板或菜单进行应用程序的操作了。

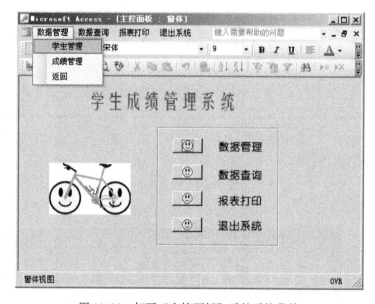

图 10-28 打开"主控面板"后的系统菜单

10.4 应用程序管理

10.4.1 启动设置

每当打开 Access 2003 数据库时，系统会自动打开应用程序的启动画面，这就需要设置启动选项。在"成绩管理"数据库窗口中，单击"工具"菜单中的"启动"命令，打开"启动"对话框。在"启动"对话框中设置启动属性，如图 10-29 所示。

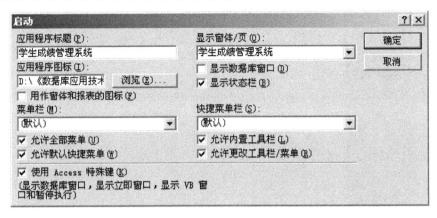

图 10-29　"启动"对话框

设置启动选项后，每当打开"成绩管理"数据库时，系统即会自动打开"学生成绩管理系统"窗体，并在窗口的标题栏中显示应用程序的图标和标题"学生成绩管理系统"，但此时用户不能直接打开数据库的各个对象，如表、窗体、报表等，以避免对数据的修改。

 提示

如果要显示数据库窗口，可在关闭启动窗体后单击"窗口"→"取消隐藏"命令，则可打开数据库窗口。

10.4.2　生成 MDE 文件

为了提高数据库系统的安全性，防止用户在设计视图中对窗体、报表或模块等进行修改，或者导入与导出窗体、报表及模块对象等，可以将数据库文件（.mdb）转化为 MDE 文件。将 Access 数据库保存为 MDE 文件时会编译所有模块，删除所有可编辑的源代码，并压缩目标数据库。VB 代码将继续运行，但无法再查看或编辑这些代码。通过将数据库保存为MDE 文件，无须登录或创建管理用户级安全机制所需的用户账户及权限，即可保护窗体和报表的安全。

在将数据库文件生成 MDE 文件之前，应该保存一个数据库副本.mdb，以便于日后对数据库的窗体、报表和模块等进行维护。因为在.mde 文件中不能对数据库的窗体、报表或模块等进行修改。

提示

如果"成绩管理.mdb"数据库不是 2003 文件格式，可单击"工具"→"数据库实用工具"→"转换数据库"→"转换为 2002 - 2003 文件格式"选项，对其进行转换。

数据库生成 MDE 文件的操作步骤如下：

（1）先将"成绩管理.mdb"数据库复制一个副本"CJGL.mdb"。

（2）打开 Access 系统，单击"工具"菜单中的"数据库实用工具"，选择"生成 MDE 文件"选项，打开"保存数据库为 MDE"对话框，选择"CJGL"数据库。

（3）单击"生成"按钮，打开"将 MDE 保存为"对话框，如图 10-30 所示。

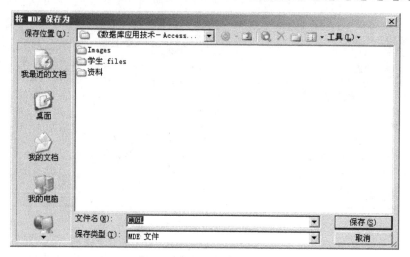

图 10-30 "将 MDE 保存为"对话框

（4）单击"保存"按钮，生成"CJGL.mde"文件。

生成.mde 文件后，可以把该数据库文件（CJGL.mde）交给用户使用。至此，数据库应用系统的开发工作已基本完成。

习题

一、填空题

1．使用宏创建应用程序菜单，对应的宏操作是_____。

2．每当打开 Access 2003 数据库时，要使系统自动打开应用程序的启动画面，这就需要设置_____。

二、选择题

1．关于表的说法正确的是（　　）。

　　A．表是数据库中实际存储数据的地方

　　B．一般在表中一次最多只能显示一个表记录

　　C．在表中可以直接显示图形记录

　　D．在表中的数据中不可以建立超级链接

2．如果建立报表所需要显示的信息位于多个数据表上，则必须将报表基于（　　）来设计。

　　A．多个数据表的全部数据

　　B．由多个数据表中相关数据建立的查询

　　C．由多个数据表中相关数据建立的窗体

　　D．由多个数据表中的相关数据组成的新表

3．关于表的索引说法正确的有（　　　）。

　　A．可以为索引指定任何有效的对象名，只要不在给定的表中使用两次即可

　　B．在一个表中不可以建立多个索引

　　C．表中的主关键字段不可以用于创建表的索引

　　D．表中的主关键字段一定是表的索引

4．在查询的设计网格中，如果用户要做一个按照日期顺序排列记录的查询，可以对日期字段做的属性设置是（　　　）。

　　A．排序　　　　　　　　　　　B．显示

　　C．设置准则为>Date()　　　　 D．设置准则为<Date()

5．如果用户希望查询只显示需要的字段，建立查询时应该使用的查询向导是（　　　）。

　　A．使用简单查询向导　　　　　B．使用交叉表查询向导

　　C．使用重复项查询向导　　　　D．使用查找不匹配项查询向导

6．在表的设计视图中，可以进行的操作有（　　　）。

　　A．排序　　　　　　　　　　　B．筛选

　　C．查找和替换　　　　　　　　D．设置字段属性

7．窗体是 Access 数据库中的一种对象，通过窗体能完成的功能有（　　　）。

　　A．输入数据　　　　　　　　　B．修改数据

　　C．删除数据　　　　　　　　　D．显示和查询表中的数据

8．以下关于报表组成的叙述，正确的是（　　　）。

　　A．打印在每页的底部，用来显示本页汇总说明的是页面页脚

　　B．用来显示整份报表的汇总说明，所有记录都被处理后，只打印在报表结束处的是报表页脚

　　C．报表显示数据的主要区域叫主体

　　D．用来显示报表中的字段名称或对记录的分组名称的是报表页眉

上机操作

一、操作要求

1．熟悉使用 Access 开发数据库应用程序的流程。

2．利用宏建立应用程序菜单。

3．使用 Access 开发较简单的数据库应用程序。

二、操作内容

1．调试并完善本章给出的学生成绩管理系统。

2．结合本校的实际，使用 Access 设计并开发一个学校图书管理系统，实现对图书的借阅管理。